"十四五"高等教育课程改革新形态教材

先进齿轮传动涡扇发动机结构分析与拆装 AR版 \ 微课版

◎ 徐 颖 漆文凯 周 标 编著

南京大学出版社

图书在版编目(CIP)数据

先进齿轮传动涡扇发动机结构分析与拆装 / 徐颖，
漆文凯，周标编著. -- 南京：南京大学出版社，2023.9
ISBN 978 - 7 - 305 - 27275 - 2

Ⅰ. ①先… Ⅱ. ①徐…②漆…③周… Ⅲ. ①透平风
扇发动机－结构分析②透平风扇发动机－装配(机械)
Ⅳ. ①V235.13

中国国家版本馆 CIP 数据核字(2023)第 170000 号

出版发行　南京大学出版社
社　　址　南京市汉口路 22 号　　　　邮　编　210093
出 版 人　王文军

书　　名　**先进齿轮传动涡扇发动机结构分析与拆装**
　　　　　XIANJIN CHILUN CHUANDONG WOSHAN FADONGJI JIEGOU FENXI YU CHAIZHUANG
编　　著　徐　颖　漆文凯　周　标
责任编辑　刘　飞　　　　　　　编辑热线　025 - 83592146
照　　排　南京南琳图文制作有限公司
印　　刷　南京京新印刷有限公司
开　　本　787 mm×1092 mm　1/16　印张 11.25　字数 240 千
版　　次　2023 年 9 月第 1 版　2023 年 9 月第 1 次印刷
ISBN 978 - 7 - 305 - 27275 - 2
定　　价　45.00 元

网址：http://www.njupco.com
官方微博：http://weibo.com/njupco
官方微信号：njupress
销售咨询热线：(025) 83594756

前　言

　　航空发动机被誉为飞机的"心脏"，没有高性能的航空发动机，就不会有先进的航空武器装备和具有市场竞争力的民用客机。因此，航空发动机是国之重器，是国家科技实力和创新能力的重要体现。党的二十大报告提出了我国要"实现高水平科技自立自强，进入创新型国家前列"的目标，而加快航空发动机自主研制步伐，全力解决制约发动机自主研制的核心问题，是实现这一指示的重要体现。本书正是在这种时代背景下编写的，希望能为加快我国航空发动机的自主研制，实现关键技术突破方面尽到绵薄之力。

　　航空燃气涡轮发动机是现代固定翼飞机和直升机的主要动力装置，其中涡扇发动机与涡喷发动机比较，在燃气发生器相同的条件下，涡扇发动机的空气流量大，排气速度低，因而具有推进效率高、耗油率低（约比涡喷发动机低 1/3）的优点。与涡桨发动机比较，涡扇发动机的外涵风扇直径更小、扇叶更多，可以在跨声速和超声速飞行时工作，从而避免了高速飞行时工作效率低的缺点。因此，涡扇发动机一经问世便获得了迅速发展，特别是 20 世纪 60 年代中期以后得到了广泛采用。近年来，随着对经济性和环保的要求越来越高，传统结构涡轮风扇发动机进一步挖掘技术潜力变得越来越困难，而齿轮传动涡轮风扇（GTF，Geared TurboFan）发动机受到了越来越多的关注。

　　GTF 发动机相对于直驱式的双转子涡扇发动机，其核心机没有发生变化，在风扇和增压级之间引入了减速齿轮箱，使得增压级与低压涡轮转子可以在效率较高的转速下工作，以匹配高压转子的最佳转速；同时，还能保证风扇在气动损失和噪声都较小的转速下工作，从而通过增大发动机的涵道比，实现发动机节能、减排、降噪和环保的设计目标。从世界民航动力发展趋势来看，GTF 发动机与其他正在发展的技术相比，成熟度高，具有较大的优势，是未来最具潜力的发展方向。

DGEN380齿轮传动涡轮风扇发动机（简称DGEN380发动机）是一款独具特色的小型齿轮传动涡扇航空发动机，具备一系列鲜明的技术特征，由法国Akira Technologies公司研制生产。

本书以法国Price Induction公司DGEN380齿轮传动涡轮风扇发动机培训教材为蓝本，在资料的收集、整理和提炼上下了很大功夫，现可作为航空宇航推进理论与工程、能源动力、动力机械及工程等专业教师和学生的专业教材，也可作为航空发动机设计人员和民航机务维修人员的参考资料。

本书主要由先进齿轮传动涡扇发动机结构分析、典型齿轮传动发动机结构分解和DGEN380发动机装配三个部分组成，共十五章。书中详细介绍了典型齿轮传动涡扇发动机的总体结构、DGEN380发动机拆装系统以及DGEN380发动机的分解和装配流程，还专门配备了课后思考题和视频讲解资源，可帮助读者学习教材内容并加深理解。

本书由南京航空航天大学的徐颖、漆文凯和周标编著，其中徐颖主编并负责全书的统稿，漆文凯撰写了先进齿轮传动涡扇发动机结构分析部分，周标组织并参与录制DGEN380发动机的部分讲解视频。此外，在编写过程中，得到了法国Akira Technologies公司的技术及资料支持；得到了南京航空航天大学能源与动力学院、教材科以及电教中心等各部门的大力支持和帮助，对此表示衷心的感谢。还要特别感谢杨坤同志，他在全书的文字、图表的整理方面做出了重要贡献；张禄、孙文静等同志参与了视频内容的录制；南京易天智能教育科技有限公司在AR互动仿真教具方面做出的贡献，在此一并表示感谢。

由于时间仓促，加之编者水平有限，书中缺点、错误和不成熟之处在所难免，敬请广大读者批评指正。

编　者

2023年8月

缩写注释

缩写	英文	中文
ORE	Open Rotor Engine	开式转子发动机
OPR	Overall Pressure Ratio	总压比
UDF	Unducted Fan Engine	无涵道风扇发动机
UHB	Ultra High Bypass Turbofan	超高涵道比涡扇发动机
GTF	Geared Turbofan	齿轮传动涡扇发动机
HP	High Pressure	高压
LP	Low Pressure	低压
CS	Carbon Seal	石墨封严
ISS	Inter Spool Seal	轴间封严
OGV	Outlet Guide Vane	出口导叶
CTR	Conical Thread Ring	锥形螺纹环
SFD	Squeeze Film Damper	挤压油膜阻尼器
SG	Starter Generator	起动发电机
RPM	Revolutions Per Minute	转/分钟（转速单位）

目　录

第一篇　先进齿轮传动涡扇发动机结构分析

第三篇　DGEN380 发动机装配

—————————— 119 ——————————

第一篇
先进齿轮传动涡扇发动机结构分析

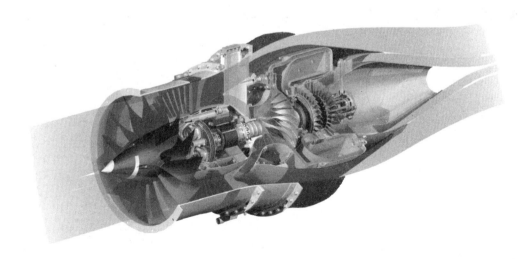

第1章
概　述

　　航空燃气涡轮发动机(简称:航空发动机)是现代固定翼飞机和直升机的主要动力装置。在飞行中一旦发动机损坏而停车,固定翼飞机会失去推进力、直升机会丧失升力而下坠,由此可见发动机能否正常工作直接影响飞行器的飞行安全,因此,航空燃气涡轮发动机被称为飞机心脏。本章将介绍航空发动机的主要类型,重点围绕齿轮传动涡扇发动机分析其结构特点。

1.1　航空燃气涡轮发动机的类型

　　航空燃气涡轮发动机主要由进气装置、压气机、(主)燃烧室、燃气涡轮、尾喷管组成,其中压气机、燃烧室和驱动压气机的燃气涡轮(简称涡轮)组合称为燃气发生器。在高增压比的发动机中,为了获得较宽的稳定工作范围,可将压气机分为串联的几部分,分别由对应的涡轮以不同的转速驱动。目前常将压气机分为串联的两部分或串联的三部分,大多是采用串联的两部分。按照压气机位于前、(中、)后的位置,称为低压压气机、(中压压气机、)高压压气机,相应的涡轮称为:低压涡轮、(中压涡轮、)高压涡轮,对应的连接压气机和涡轮的轴称为:低压转子轴、(中压转子轴、)高压转子轴。对应的转子结构称为双转子或者三转子结构。多个转子具有同心轴,之间只有气动联系。对于多转子发动机,高压压气机、燃烧室和高压涡轮的组合称为核心机,对于单转子发动机,燃气发生器即为核心机。

　　航空燃气涡轮发动机工作原理为:从进气装置进入发动机的空气经压气机压缩提高压力,随后流入燃烧室与喷入的燃油混合后燃烧,形成高温、高压的燃气,再进入涡轮膨胀做功,驱动涡轮高速旋转,涡轮驱动压气机,并输出发动机附件所需的功率。由燃气涡轮出来的燃气仍具有一定的压力和温度,根据这部分燃气能量利用方式的不同,可将燃气涡轮发动机划分为不同的类型。

　　航空燃气涡轮发动机主要有四种基本类型:涡轮喷气发动机、涡轮风扇发动机、涡轮螺旋桨发动机和涡轴发动机。20 世纪 70 年代在能源危机的背景下,又发展了桨扇发动机(Prop-Fan Engine)。

1. 涡轮喷气发动机

涡轮喷气发动机(涡喷发动机)是 20 世纪 50 年代应用最广泛的航空燃气涡轮发动机,是当时高速战斗机的唯一动力,也在轰炸机和客机中得到采用。如图 1-1 所示,燃烧室产生的高温燃气经涡轮膨胀后从尾喷管排出,从而产生推力。尾喷管排出的高温、高速的气体,意味着大量燃气的动能和热能排出发动机,能量损失较大,因此涡轮喷气发动机油耗较高。

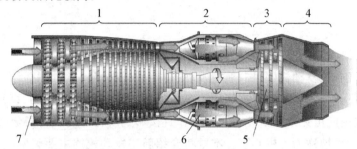

1—压气机;2—燃烧室;3—涡轮;4—尾喷管;5—涡轮转子;6—火焰筒;7—进气。

图 1-1　涡轮喷气发动机结构示意图

2. 涡扇发动机

涡扇发动机如图 1-2 所示,它与涡喷发动机的主要区别在于,低压压气机的一部分或者全部变为长叶片的风扇,另一部分没有成为风扇的低压压气机组被称为增压级(伸入外涵流道的低压压气机级组称为风扇,在内涵道里的低压压气机级组称为增压级)。进入发动机的气体经过风扇增压后,一部分流入增压级和核心机,称为内涵气流,另一部分围绕核心机外壳的外环中流过,称为外涵气流(在涡扇发动机中,外涵道与内涵道的空气质量流量之比为涵道比)。核心机流出的燃气,在低压涡轮中继续膨胀做功,驱动低压压气机(包括风扇级及增压级)旋转,产生向前的拉力或推

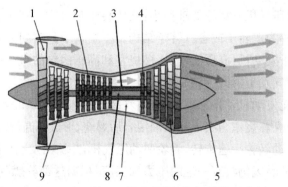

1—风扇;2—高压压气机;3—高压轴;4—高压涡轮;5—尾喷管;6—低压涡轮;7—燃烧室;
8—低压轴;9—增压级。

图 1-2　涡扇发动机结构示意图

力。低压涡轮后排出的燃气经尾喷管排入大气,也产生一部分推力。发动机的推力由内、外涵气流分别产生的推力组成。外涵气流没有参与燃烧,使得涡扇发动机排气的温度和速度大幅低于涡喷发动机,因此,涡扇发动机的耗油率也大幅低于涡喷发动机。

3. 涡桨发动机

涡桨发动机结构如图1-3所示,核心机出口的燃气进入动力涡轮,也称为自由涡轮。动力涡轮将燃气中的大部分可用能量转变为轴功率,通过减速器驱动螺旋桨产生拉力,燃气中剩余很少部分可用能量在喷管中转化为气流动能产生推力,因此涡桨发动机除输出轴功率外,还输出少量推力。由于它的排气能量损失小,所以耗油率低。

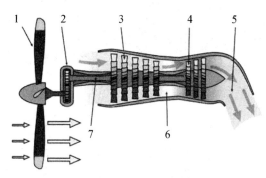

1—螺旋桨;2—减速齿轮;3—压气机;4—涡轮;5—尾喷管;6—燃烧室;7—轴。

图1-3 涡桨发动机结构示意图

4. 涡轴发动机

涡轴发动机如图1-4所示,核心机出口燃气进入动力涡轮,几乎所有可用能量都被动力涡轮吸收,动力涡轮直接或通过减速器驱动由直升机主减速器传动的旋翼,而由喷管流出的燃气只产生很小的推力或根本不产生推力。

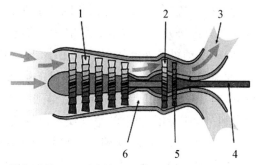

1—压气机;2—燃气涡轮;3—尾喷管;4—动力轴;5—动力/自由涡轮;6—燃烧室。

图1-4 涡轴发动机结构示意图

5. 桨扇发动机

桨扇发动机如图1-5所示,它是一种介于涡桨发动机和涡扇发动机之间的发动机形式,由对转螺旋桨产生拉/推进力的一种高亚音速涡桨发动机,又称开式转子发动机(Open Rotor Engine)、无涵道风扇(Unducted Fan)发动机或超高涵道比(Ultra High Bypass)涡扇发动机。较之于涡桨发动机,桨扇发动机在高亚音速条件下保持了高的推进效率,推进系统结构也更为紧凑;较之于涡扇发动机,桨扇发动机在巡航马赫数 0.7 以上的推进效率比大涵道比涡扇发动机高 12%~15%,具有优异的燃油经济性。

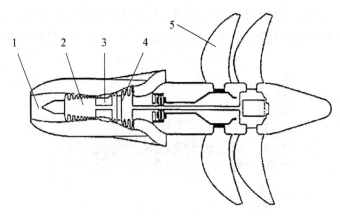

1—进气道;2—压气机;3—燃烧室;4—涡轮;5—桨扇。

图 1-5 桨扇发动机

1.2 齿轮传动涡轮风扇发动机

1.2.1 涡扇发动机的分类与发展

涡扇发动机与涡喷发动机比较,在燃气发生器相同的条件下,涡扇发动机的空气流量大,排气速度低,因而具有推进效率高、耗油率低(约比涡喷发动机低 1/3)的优点。与涡桨发动机比较,涡扇发动机的外涵风扇直径更小、扇叶更多,可以在跨声速和超声速飞行时工作,从而避免了高速飞行时工作效率低的缺点。因此,涡扇发动机一经问世便获得迅速发展,自 20 世纪 60 年代中期之后得到广泛采用。

涵道比是指涡扇发动机外涵道和内涵道的空气质量流量之比,是涡扇发动机的重要设计参数。根据涵道比的大小,可以将涡扇发动机划分为小涵道比涡扇发动机(涵道比小于 1)、中涵道比涡扇发动机(涵道比 1~4)、大涵道比涡扇发动机(涵道比大于 4)。加力式小涵道比涡扇发动机具有较小的迎风面积和较高的推重比的优点,目前在军用战斗机上得到了广泛的应用。大涵道比涡扇发动机具有推力大、耗油率低的优点,在民用客机、大型运输机上得到了广泛的采用,又被称为民用大涵道比涡扇发动机。

1. 小涵道比涡扇发动机

1973 年,美国普惠公司研制成功首台推重比 8 一级的涡扇发动机 F100,之后相继出现了美国 GE 公司的 F404 和 F110、欧洲三国联合研制的 RB199、法国的 M53 和苏联的 RD33 和 AL-31F。在 20 世纪 70 年代,这些基于性能先进的核心机研制的带加力燃烧室、高推重比的小涵道比涡扇发动机,成为第三代战斗机主要动力装置。其主要性能特征[1]为:推重比 7～8,平均级增压比为 1.3～1.4,总增压比 21～35,涡轮进口温度 1 600～1 750 K。

从 20 世纪 80 年代中期起,为第四代战斗机研制的新一代发动机典型型号有美国的 F119、F135、F136、欧洲四国联合研制的 EJ200、法国的 M88-Ⅱ、俄罗斯的 AL-41F。第四代发动机的主要性能参数见表 1-1。其主要性能特征[1]为:推重比 9.0～10.0,总增压比为 26～35,涵道比为 0.2～0.4,涡轮进口温度为 1 800～2 000 K,耗油率下降了 8%～10%,相比第三代战斗机用发动机可靠性提高了 1 倍,耐久性提高了 2 倍。

表 1-1　20 世纪 80 年代战斗机发动机主要参数[2]

重要参数	F119	EJ200	M88-Ⅱ	AL-41F
最大推力/daN	15 560	9 060	7 500	17 500
中间推力/daN	9 790	6 000	5 000	
最大耗油率/(kg/(daN·h))	2.0*	1.73	1.80	
中间耗油率/(kg/(daN·h))	0.88*	0.79	0.89	
推重比	>10	~10	8.8	>10
总增压比	35	26	25	
涡轮前温度/℃	1 700*	1 530	1 577	1 637*
涵道比	0.30	0.40	0.30	

注:'*'号为估计值。

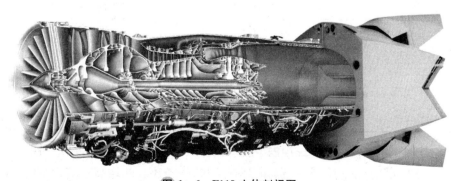

图 1-6　F119 立体剖视图

2. 高涵道比涡扇发动机

20 世纪 60 年代为民用大涵道比涡扇发动机发展的初期,代表型号为普惠公司的 JT9D、GE 公司的 CF - 6、罗罗公司的 RB211 - 22B。表 1 - 2 罗列了 20 世纪 60～70 年代著名发动机的参数,该时期的大涵道比涡扇发动机涵道比约为 5,总压比(OPR,Overall Pressure Ratio)约为 24。涵道比和总压比的增大使得耗油率显著下降。

表 1 - 2　20 世纪 60～70 年代著名涡扇发动机的参数[3]

发动机型号	推力/kN	总压比	涵道比	耗油率/(kg/(N·h))
斯贝	55	18.4～21 : 1	0.64～0.71 : 1	0.081 6
JT8D	89～93.4	17.4～20.1 : 1	1.8 : 1	0.076 2
JT9D - 3	196.8	21.5～23.5 : 1	5.2 : 1	0.066 1
CF6 - 6	177～184	24.3～24.9 : 1	5.9 : 1	0.066 3
RB211 - 22B	186.8	24.5 : 1	4.8 : 1	0.066 8

随着民用涡扇发动机的发展,涡扇发动机的性能表现为"三高"的特点,即高涵道比、高总压比和高涡轮前温度。至 21 世纪 10 年代,发动机的涵道比高达 9～12.5,总压比高达 40～60,同时采用了众多新技术,使发动机的耗油率进一步地下降,如表 1 - 3 所示。

表 1 - 3　21 世纪 10 年代著名涡扇发动机的参数[3]

发动机型号	推力/kN	总压比	涵道比	耗油率/(kg/(N·h))
遄达 1000	284～329	50 : 1	10～11 : 1	0.050 3
GEnx	236～327	36.1～44.5 : 1	9.1～9.6 : 1	0.050 0
遄达 XWB	330～430	50 : 1	9.61 : 1	比遄达 1000 低 2.75%比 GE90 - 115B 低 10%
GE9X	470	60 : 1	10 : 1	比 GE90 - 115B 低 10%
LEAP - 1A/- 1C	106～156	40 : 1	11 : 1	比 CFM 56 - 7 低 15%
LEAP - 1B	100～120	40 : 1	9 : 1	比 CFM 56 - 7 低 15%
PW1100G	160	50 : 1	12.5 : 1	A320neo 的燃油消耗量比 A320 低 16%
遄达 1000TEN	347	50 : 1	>10 : 1	比遄达 1000 低 2%～3%

对比军用涡扇发动机和民用涡扇发动机的发展历程可以发现,民用涡扇发动机为了追求更高的经济性和满足更高的环保要求,涵道比日趋增高。随着涵道比进一步增大,风扇的直径也趋于增大。受风扇叶片榫根与风扇轮盘强度所限,一般风扇叶

片的叶尖切线速度不应超过 400～450 m/s，在风扇直径较大的情况下，需要选择降低风扇转速。因此，在传统直驱式涡扇发动机上，低压转子为了"迁就"风扇，不得不在较低的转速下工作。而为了满足驱动风扇的功率需要、满足发动机总体性能的需要，只得增加低压压气机与低压涡轮转子级数。涵道比越大，低压转子不仅所需的级数越多，而且效率也低。如图 1-7 所示，在 GE90 发动机设计时，为了提高低压涡轮转子的效率，采取了增加了低压涡轮直径的措施，导致高低压涡轮直径相差较大。为使气流平缓地从高压流入低压涡轮，在高低压涡轮之间设置较长的锥形过渡机匣。

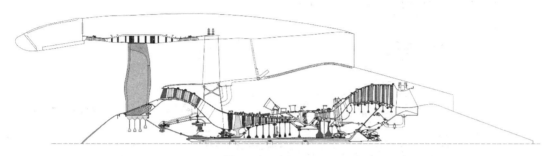

图 1-7　GE90 发动机

1.2.2　齿轮传动涡扇发动机的发展与结构特点

目前，行业对经济性和环保要求越来越高，然而传统航空发动机进一步挖掘技术潜力越来越困难，齿轮传动涡扇（GTF）发动机受到了诸多关注。

GTF 发动机相对于传统的直驱式涡扇发动机，最大的特点是在风扇与增压级之间引入减速齿轮箱，有利于实现更高的涵道比、更高的低压涡轮与增压级的转速，这给 GTF 发动机的低压转子结构带来了新的特点。

GTF 发动机相对于直驱式的双转子涡扇发动机，核心机没有发生变化，在风扇和增压级之间引入了减速齿轮箱，如图 1-8 所示，使得增压级与低压涡轮转子在效率较高的转速下工作，以匹配高压转子的最佳转速，同时保证风扇在气动损失和噪声

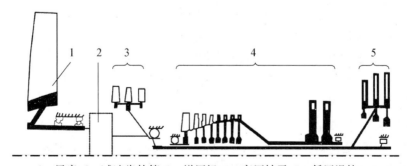

1—风扇；2—减速齿轮箱；3—增压级；4—高压转子；5—低压涡轮。

图 1-8　典型 GTF 发动机的减速齿轮位置

都较小的转速下工作,从而增大发动机的涵道比,实现发动机节能、减排、降噪和环保的设计目标。从世界民航动力发展趋势看,GTF 发动机与其他正在发展的技术相比,成熟度高,具有较大的优势,是未来最具潜力的发展方向之一。

1969 年,莱康明公司开始研制 ALF502 齿轮传动涡扇发动机(图 1 - 9),1976 年 ALF502H 和 ALF502L 取得了美国联邦航空局(FAA)颁发的适航证,1992 年年底 ALF502 停止生产。1969 年盖瑞公司开始研制 TFE731 齿轮传动发动机,该发动机主要用于公务机,目前已有 30 余种公务机采用了该发动机。然而以上两个公司并没有持续开展齿轮传动风扇发动机的研制。

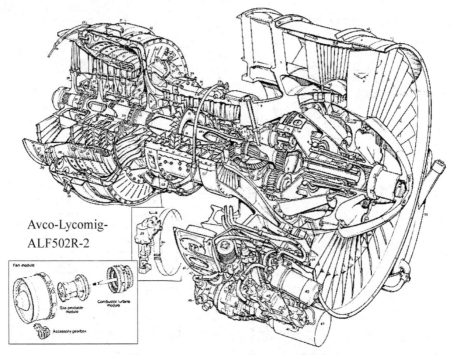

图 1 - 9 ALF502 齿轮传动涡扇发动机

罗罗公司继遄达系列发动机之后开始研制下一代大型商用发动机"超扇"(UltraFan)发动机(图 1 - 10),推力将涵盖 111. 10~488. 98 kN,该发动机以"Advance 核心机+复合材料叶片+齿轮箱"为典型特征。

1987 年,普惠公司开始研究齿轮传动技术,是力主采用齿轮传动发动机的典范,率先探索大推力 GTF 发动机,在 20 世纪 90 年代曾推出推力为 115~162 kN 的 GTF 发动机——PW8000。于 2008 年正式命名的"Pure Power 1000G"(图 1 - 11),是目前技术成熟度最高的 GTF 发动机。

PW1000G 是普惠公司为赢回民用发动机市场而研发的大推力高涵道比涡扇发动机,被誉为"先进的洁净动力"。PW1000G 的涵道比为 10~12,与现役主流发动机相比,低压压气机和低压涡轮的级数以及叶片数显著减少,油耗降低 12%以上,氮氧化物的排放减少 50%,如图 1 - 12~图 1 - 13 所示。

图 1 - 10　超扇(UltraFan)发动机

图 1 - 11　PW1000G 发动机

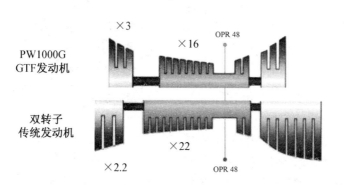

PW1000G
GTF发动机

双转子
传统发动机

×3
×16
OPR 48
×2.2
×22
OPR 48

3级低压涡轮转子
· 高转速
· 高效率
优化后高压涡轮转子
· 高效率
· 140片叶片
高压涡轮转子
· 低效率
· ~220片叶片
7级低压涡轮转子
· 低转速
· 低效率

图 1 - 12　PW1000G 与传统双轴发动机级数对比

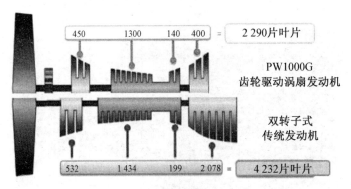

图 1-13　PW1000G 与传统双轴发动机叶片数对比

下文以 PW1000G 为例,分别从减速齿轮系统设计,低压转子相关的总体结构设计,风扇、低压压气机、低压涡轮的结构设计等三个方面分析 GTF 发动机结构的新特点。

(1) 减速齿轮系统

减速齿轮是 GTF 发动机区别与传统涡扇发动机的显著标志,也是 GTF 发动机技术成熟度的决定因素。GTF 发动机的行星齿轮箱设计应满足以下要求:一是大功率,以达到大推力发动机的工作要求;二是紧凑高效,以保证较高的齿轮传动效率;三是高可靠性,以应对不同工作环境甚至极端情况下的挑战;四是散热和封严设计,以解决齿轮箱发热量过大、齿轮箱和转轴之间的不同心和振动等问题;五是安装隔振,以保护齿轮箱不受发动机运行中的振动和挠曲影响。[5]

行星齿轮箱的设计方案有两种,即恒星系统和行星系统。在恒星系统中,一般由固定轴线的太阳轮作为主动轮带动齿圈转动输入动力,行星轮则作为从动轮输出动力;在行星系统中,太阳轮作为主动轮输入动力,固定在行星架上的行星轮作为从动轮输出动力。恒星系统适合于 1.5∶1～3.0∶1 的减速比,也适用于需要在风扇和低压涡轮之间反向旋转的情况;行星系统适合于 3.0∶1～5.0∶1,甚至更高的减速比,并且适用于风扇和低压涡轮需要同向旋转的情况。

目前,PW1000G 发动机采用的是由普惠和 Avio 公司设计、生产的恒星系统齿轮传动系统(图 1-14)。PW1000G 系列的 GTF 减速器输入转速为 10 000 rpm 左右,传递功率高达 30 000 kW～40 000 kW,寿命长达 30 000 h,但其外径却不到 0.5 m,重量不足 700 kg(功率密度约 50 kW/kg),润滑油温升不到 30℃。

该减速齿轮系统限制了行星轮的公转,中心的太阳齿轮传递低压涡轮的动力,太阳齿轮驱动 5 个行星齿轮,行星齿轮再传动到外侧环形齿轮,外侧齿轮驱动风扇轴,如图 1-15 所示。传动过程中,各齿轮

图 1-14　PW1000G 的减速齿轮

的线速度相同,半径越大,转速越小,从而实现了涡轮轴到风扇轴的反向减速传动。

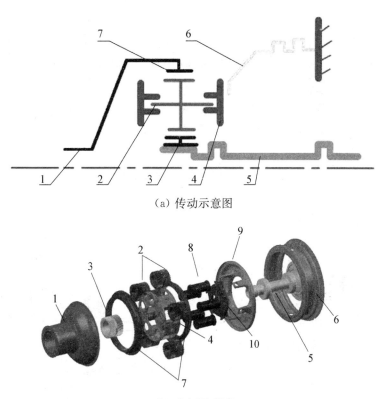

（a）传动示意图

（b）分解示意图

1—减速器输出轴；2—行星齿轮；3—太阳齿轮；4—行星齿轮支架；5—减速器输入轴；

6—支撑架弹性座；7—环形齿轮；8—固定销；9—扭力框架；10—滑油管。

图 1 - 15　PW1000G 减速齿轮系统示意图

(2) 总体结构

在 GTF 发动机中,由于风扇和增压级之间插入了减速齿轮,风扇与其他低压转子结构之间的传力路线被切断,从而带来了总体结构设计的问题。

在支点安排方面,在传统的双转子涡扇发动机中,通常风扇与增压级的轴向力载荷可通过共用的支点传递,如图 1 - 16 所示,风扇与增压级的轴向力均通过 1 号支点传递。在 GTF 发动机上,风扇级与增压级之间通过减速齿轮传动,由于减速齿轮无法传递轴向力,需要单独为风扇转子设计传递轴向力的支点。PW1000G 发动机支承如图 1 - 17 所示,风扇转子采用了圆锥滚子轴承。圆锥滚子轴承可以传递轴向力,适用于低转速,在传统双转子发动机上很少使用,由于 GTF 风扇转子的转速较低,圆锥滚子轴承可以得到应用。当圆锥滚子轴承承受径向负荷时,将会产生一个轴向分力,所以需要另一个可承受反方向轴向力的轴承来加以平衡,因此设计了一对圆锥滚子轴承。

在传力路线和承力框架方面,传统的双转子发动机会采用高、低压转子之间的中

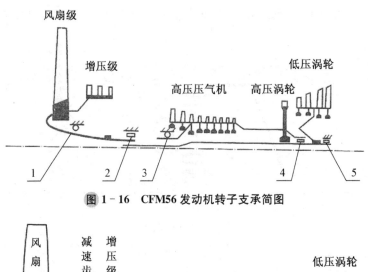

图 1-16　CFM56 发动机转子支承简图

图 1-17　PW1000G 发动机转子支承简图

介机匣作为承力机匣,如 PW4000 发动机、GE90 发动机以及 CFM56 发动机等,其低压转子的第 1、2 个支点的轴向力和径向力通过轴承机匣传递给中介机匣的前部,如图 1-18 至图 1-19。对于 GTF 发动机,由于减速器的存在,风扇支点上的载荷无法传递给中介机匣,因此需要在内涵道进口附近设置承力框架,将风扇支点的力传递出去,见图 1-20。

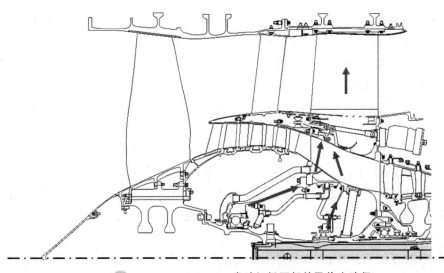

图 1-18　CFM56-7B 发动机低压部件及传力路径

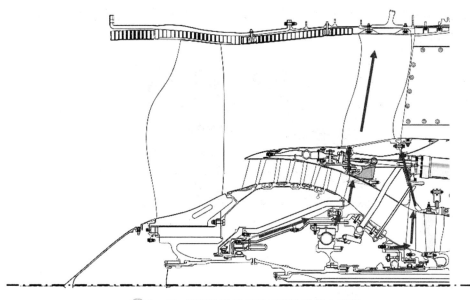

图 1 - 19 LEAP 发动机低压部件及传力路径

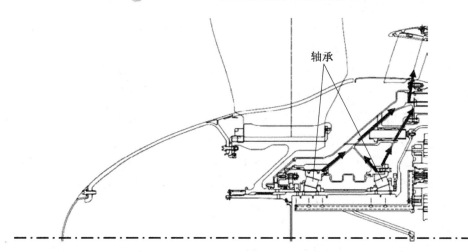

图 1 - 20 PW1000G 风扇部件及其传力路径

在 GTF 发动机中,由于减速齿轮器的存在,要像传统发动机那样对整个低压转子支点的同心度一样严格要求十分困难,同时也没必要。可以对前段(风扇轴段)和后段(增压级和低压涡轮轴段)分别要求,因此在风扇轴与减速齿轮器之间、减速齿轮器与低压压气机轴之间考虑不同心补偿问题。PW1000G 发动机低压压气机轴采用了类似波纹管结构的补偿措施,如图 1 - 21 所示。

此外,减速齿轮也会对止推轴承的轴向力大小和方向产生影响。在传统涡轮风扇发动机上,压气机和涡轮的轴向力相互抵消掉一部分之后剩余的推力通过止推轴承传递给承力机匣,然而由于减速齿轮箱切断了风扇部分与其他低压转子的载荷传递路径,增压级和低压涡轮组合的轴向力无法与风扇部件的轴向力进行抵消,因此在止推轴承的选取和卸荷腔的设置需要更仔细考虑,防止止推轴承受到反向轴向力的冲击,影响轴承使用寿命。

图 1-21　低压轴不同心的补偿结构[4]

(3) 低压压气机部件

GTF 发动机的风扇部件通过减速齿轮带动,转速减小,可以设计为涵道比更大、直径更大的风扇,这会导致风扇部件质量的增加,由于转速下降,这使得低密度的铝合金在风扇叶片上的应用成为可能。

PW1000G 风扇增压比约为 1.4,由于转速较低,允许在叶片上使用更轻和低成本的铝锂合金材料,其成本相对于碳纤维复合材料和钛合金更低。该公司开发了新的风扇叶片设计和材料加工技术(如图 1-22),满足所有安全和认证要求,同时与任何其他在用风扇叶片(包括相同尺寸等级的复合叶片)相比,提供世界级的空气动力效率水平。

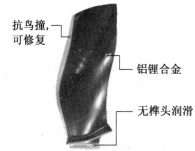

抗鸟撞,可修复

铝锂合金

无榫头润滑

图 1-22　PW1000G 风扇叶片

传统涡扇发动机的增压级由于迁就风扇,通常转速较低,一般采用刚性较好、结构较为简单的鼓式转子(如图 1-18 至图 1-19)。GTF 发动机增压级的转速相对于传统涡扇发动机的转速更高,鼓式转子结构无法满足提高的转速,因此,PW1000G 发动机增压级采用了承载能力更强的盘鼓混合式转子结构形式,盘鼓混合式转子结构比鼓式转子复杂,质量会有所增加,但是增压级转速提高,做功能力增加,因此可以减少增压级的级数,在一定程度上补偿了一部分质量。

(4) 低压涡轮

由于设置了减速齿轮,GTF 发动机低压涡轮的转速不必受到风扇部件的转速限制,可以通过提高低压涡轮的转速,以获取更高的低压涡轮效率,并相应减少低压涡轮级数和每级的叶片数量,有利于简化涡轮结构、减轻结构质量。

叶片、轮盘自身质量产生的离心惯性载荷与转速的平方成正比,当低压涡轮转速提高之后,叶片和轮盘的离心载荷会显著增大。因此,相对于传统涡扇发动机,GTF发动机的高速低压涡轮转子叶片与涡轮盘的结构设计需要更加关注其强度问题。

低压涡轮转子叶片较长,为了提高涡轮的气动效率、增强叶片刚性以及减振,通常会将低压涡轮转子叶片设计成带冠结构,可以通过优化叶冠形状和尺寸来减小离心载荷。除此之外,可以通过合理设计叶身截面尺寸以及选择轻质材料减少离心载荷,并在榫头设计上增加榫头轴向尺寸来提高榫头承载能力。

由于低压涡轮盘同时承受叶片与自身质量产生的离心载荷,GTF发动机的涡轮盘相对于传统涡轮盘表现出孔径减小、轮毂及轮缘增厚等特点。

(5) 其他

除了以上结构特点,GTF发动机在设计时,还需要注意:在风扇至增压级之间的有限空间内,需要安装减速齿轮系统,因此需要更加精心布置风扇支点及减速齿轮的滑油供油喷嘴;低压转子轴较为细长,随着转速的提高,会带来柔性转子等问题。

1.3　典型齿轮传动涡扇发动机

DGEN380齿轮传动涡轮风扇发动机(简称DGEN380发动机)是一款典型小型齿轮传动涡扇发动机,由法国 Akira Technologies 公司研制,其结构剖视如图1-23所示。

图1-23　DGEN380结构剖视图

DGEN380齿轮传动涡轮涡扇发动机包括短舱的轴向长度约为1.35 m,竖向最大高度为0.57 m,如图1-24所示。该发动机主要为个人轻型喷气式飞机提供动力。以图1-25中典型的CEA312型飞机为例,该飞机飞行高度<7 600 m,飞行马赫数<0.45,可容纳4~5名乘坐人员,最大巡航速度:445~463 km/h,最大航程:800~1 000 km。

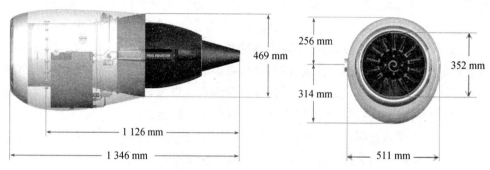

图 1‐24　DGEN380 外部尺寸

图 1‐25　CEA312 小型飞机

DGEN380 发动机的起飞推力为 255 daN,耗油率为 0.44 kg/(daN·h),涵道比为 7.6,不含短舱的发动机干重为 85 kg,发动机设计寿命为 3 600 h,DGEN380 的发动机性能参数与其个人轻型飞机动力装置的定位是相匹配的。

DGEN380 发动机是一款独具特色的小型齿轮传动涡扇航空发动机,它具备一系列鲜明的技术特征。

由于采用了齿轮传动风扇技术,低压涡轮通过行星齿轮传动结构后减速驱动风扇,使低压涡轮和风扇各自工作在其最佳转速范围,使低压涡轮级数减至 1 级。

该发动机具有集成的 FADEC 全权限数字式控制系统、EPU 电动力控制单元与ADU 作动器控制单元,较高程度地实现了发动机的智能化控制。

其次,该发动机具有与高压转子一体化设计的起动发电机(SG),在此基础上实现了发动机的全电化设计理念。这里所谓的全电化理念,是指发动机附属装置均由电力驱动,由此给发动机结构设计与控制系统设计带来了双重简化。

由于不需要从高压转子上提取机械轴功率,极大地简化了附件传动装置的结构设计,另一方面,滑油泵和燃油泵流量控制与高压转子转速并不直接相关,由此简化了基于燃油量调节的发动机控制系统设计。在燃烧室点火系统中采用预热塞(Glow plug),改进了传统小型涡扇发动机常用的"火花塞点火系统",提高了发动机的快速起动能力。

参考文献

［1］刘勤,周人治,王占学.军用航空发动机特征分析[J].燃气涡轮试验与研究,2014,27(02)：
　　59-62.

［2］方昌德.航空发动机的发展历程[M].北京:航空工业出版社,2007.

［3］陈光,大涵道比涡扇发动机的发展[J].航空动力,2019(3):56-61.

［4］颜文忠,廖鑫,曹冲,等.齿轮传动涡扇发动机低压转子结构与动力学分析[J].航空动力学报,
　　2015,30(12):2863-2869.

［5］梁晶晶,孙扬慧,谭智勇.GTF发动机关键设计分析[J],航空动力,2022,2:46-49.

第2章
典型齿轮传动涡扇发动机
总体结构分析

燃气涡轮发动机的总体结构设计包括:转子的支承方案、压气机和涡轮转子之间的连接方式、支承结构及静子承力系统等。总体结构设计的目的和要求是:各大部件所承受的载荷分布方式和传递路线趋于合理;零件刚度、强度满足要求,且结构简单,尺寸小,质量轻;可维修,装拆方便。本章将以 DGEN380 发动机为典型机型开展总体结构分析。

2.1　转子支承方案

2.1.1　转子支承方案概述

转子的支承方案主要是指转子支承点的数目、位置及对应位置轴承类型的安排。通常采用简图或者数字法来表示发动机的支承方案。简图是将复杂的转子简化为简单示意图,通过简图主要表征其支承点的数量、位置和轴承类型等特征。"□"表示承受径向载荷的滚棒轴承,"o"表示承受轴向载荷和径向载荷的滚珠轴承。数字法可以表示出转子的支点数目和位置,采用"X-Y-Z"的形式表达。其中,第一个横线表示压气机,第二个横线表示涡轮。X、Y、Z 为三个数字,分别表示压气机前、压气机和涡轮之间以及涡轮后的支点数目。

对于双转子或者多转子而言,低压转子的轴需要穿过空心的高压转子,因此低压转子结构相对复杂,支点数目较多。每一个独立的转子需要各自独立的一套支承方案,因此,通常将各个转子分割出来,然后按照单转子的方法来处理。值得注意的是,多转子发动机的某些支点不直接支承在承力机匣上,而是支承在两个转子之间,通过附近支承在静子上的支点向承力机匣传递载荷。这种介于两个转子之间的支点称为中介支点,中介支点位置上的轴承称为中介轴承或者轴间轴承。

以双转子涡扇发动机 CFM56 为例,其转子支承方案如简图 2-1 所示,用数字法表示时,需要区分高、低压支承的支点。1 号、2 号以及 5 号支点为低压转子的支点,3 号、4 号支点为高压转子的支点,其中 4 号支承为中介支点,通过 5 号支点传递高压转子的部分径向载荷。由此可知,高压转子的支承方案为:1-0-1,低压转子的支承方案为:0-2-1。

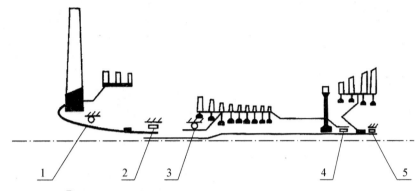

图 2-1　CFM56 发动机转子支承方案(HP:1-0-1;LP:0-2-1)

设计转子支承方案应考虑发动机各个部件的结构形式。同时,为了简化结构和滑油系统、减轻质量,在兼顾转子刚性的前提下,支点的数目应尽可能地少。滚珠轴承被称为止推支点,它所在的位置为转子相对于机匣轴向位置不变的点,每个转子有且仅有一个止推支点。止推支点传递转子的所有轴向载荷,为了提高可靠性,止推支点的位置选择应综合考虑温度、转子重心以及主安装节的位置,一般选择位于温度较低、刚性较好、靠近主安装节、使转子与静子产生相对位移较小处。

2.1.2　DGEN380 发动机支承方案

DGEN380 发动机的低压转子系统由风扇转子、减速齿轮及低压涡轮转子组成,为与传统双转子发动机区别,将 DGEN380 低压转子系统称为风扇—低压涡轮转子系统。因此,DGEN380 发动机转子包括风扇转子、低压涡轮转子、高压转子等,每个转子独立支承于两个支点,共计 6 个支点,沿发动机轴线从入口到出口编号从 N1 到 N6,如图 2-2 所示。

风扇转子与低压涡轮转子之间通过减速齿轮传动,连接低压涡轮转子和风扇转子的齿轮主要传递扭矩,不传递轴向力。风扇转子为悬臂式结构,风扇后设置了两个支点,即 N1 滚棒轴承和 N2 球轴承;低压涡轮转子采用两端支承的方案,支承于 N3 球轴承和 N5 滚棒轴承上,如图 2-3 所示。

高压转子(图 2-4)采用了 1-1-0 支承方案,其前支点为 N4 止推轴承位于离心式压气机前,承受高压转子上的轴向力和径向力。后支点为 N5 滚棒轴承位于高压涡轮前,承受高压转子上的径向载荷。高压涡轮处于悬臂状态。两个支点跨度较短,有利于控制高压轴的弯曲变形。可以看出,N2 球轴承、N3 球轴承的位置均靠近减速齿轮,这有利于抑制两个转子之间振动的传递与轴段的变形。

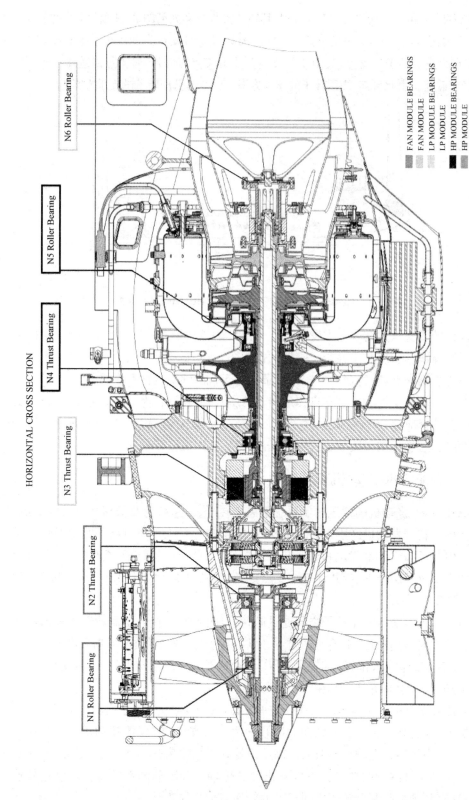

图 2-2　DGEN380 发动机的支点位置

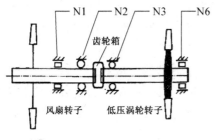

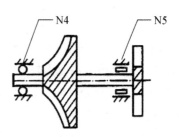

图 2-3　DGEN380 低压转子　　　　图 2-4　DGEN380 高压转子

2.2　联轴器

2.2.1　联轴器概述

联轴器是将发动机上的涡轮转子与压气机转子连接起来的组合件,不同的转子支承方案对联轴器的功能要求是不同的。联轴器分为两大类:刚性联轴器和柔性联轴器。

连接压气机和涡轮轴且允许两个转子在支承不同心情况下仍能稳定工作的联轴器,被称为柔性联轴器。对于多数的四支点支承方案(图 2-5)以及部分发动机的三支点支承方案(图 2-6),采用的联轴器一般为柔性联轴器。

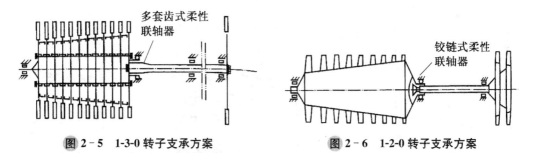

图 2-5　1-3-0 转子支承方案　　　　图 2-6　1-2-0 转子支承方案

将压气机轴与涡轮轴刚性连接为一个整体,传递扭矩和轴向力的联轴器,被称为刚性联轴器。目前,大多数双转子发动机的高压转子均采用双支点的支承方案,多采用刚性联轴器连接压气机轴与涡轮轴。随着现代加工和装配工艺水平的提高,在三支点支承方案中,也逐渐采用了刚性联轴器结构。常见的刚性联轴器有:圆弧端齿联轴器、套齿式刚性联轴器以及圆柱面定心短螺栓连接的刚性联轴器。

2.2.2　DGEN380 联轴器

传统涡扇发动机的高压转子通常分别设计有高压压气机轴和高压涡轮轴,两个轴通过联轴器连接,实现涡轮转子和压气机转子之间的扭矩、轴向力、径向力等载荷的传递。DGEN380 为小型发动机,轴向尺度小,由于采用了回流式燃烧室,进一步缩短了高压转子的跨度,为了简化结构,与传动涡扇发动机不同,高压转子仅使用一根高压轴,安装了高压转子的主要零部件,具体如图 2-7 所示。

由图 2-7 可知,高压涡轮叶片、盘、轴为整体结构。从右到左,在高压轴上依次安装了 N5 轴承、离心叶轮、N4 轴承、起动发电机(SG)转子。所有零件安装完毕后,在最左端通过一个大螺母压紧高压轴上的各零件,实现压气机转子和涡轮转子的刚性连接。为了保证连接的可靠性,安装时在 SG 转子端面上通过液压作动筒施加 280 bar 的端面压力,将安装在高压轴上的各零件压紧,然后拧紧高压轴大螺母。拧紧高压轴螺母之后,液压作动筒卸载拆除,以获得高压转子安装所需的预紧力。在分解的时候,则需要在 SG 转子端面上通过液压作动筒施加大于安装时的端面压力,减小高压轴大螺母端面压力,之后可以进行高压轴螺母的分解,如图 2-8 所示。

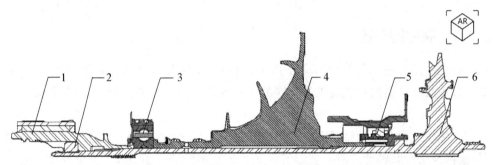

1—SG 转子;2—高压轴大螺母;3—N4 轴承;4—离心叶轮;5—N5 轴承;6—高压涡轮叶盘轴一体。

图 2-7 高压转子

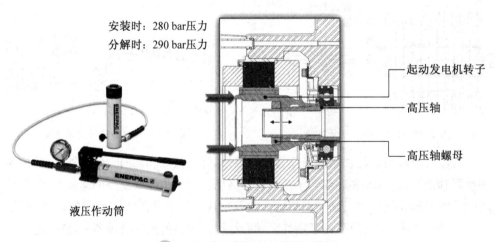

图 2-8 高压轴螺母的装拆示意图

DGEN380 发动机低压转子的风扇和低压涡轮通过减速齿轮传动,因此,减速齿轮起到了联轴器的作用。由于减速齿轮不传递轴向力,风扇转子和低压涡轮转子分别由 2 个支点独立支承(图 2-3),且各自有 1 个止推支点。低压转子共有 4 个支点,难以保证 4 点共线,风扇轴与低压涡轮轴可能出现转子轴线不共线同心的情况,为了保证低压转子在两轴不共线情况下正常工作,减速齿轮需起到柔性联轴器的作用。DGEN380 减速齿轮的行星轮支架通过 3 个球头节固定于齿轮器箱体,球头节在一定的角度范围内能够自由活动,从而使低压转子获得了良好的转子不同心适应能力。

2.3　支承结构

2.3.1　支承结构概述

支承结构包括轴承以及对轴承进行冷却、润滑及封严的装置等。航空燃气涡轮发动机的主轴承一般为滚动轴承,主要采用滚珠轴承和滚棒轴承,少数发动机采用了圆锥轴承。

轴承的供油方式主要有侧向喷射与环下供油。环下供油相对于喷射润滑,油流路合理,润滑油利用率高,降温效果更为优异。

轴承油腔的封严装置分为接触式封严和非接触式封严。涨圈式、端面石墨式、径向石墨式以及金属刷式等为接触式封严,篦齿式、浮动环式为非接触封严。

转子的轴承通常会通过弹性支座固定到机匣等静子结构上,如图 2-9 所示。通过设计弹性支座的一些特定尺寸可改变支承的刚性,从而调整转子的临界转速。常用的弹性支座有鼠笼式、拉杆式和钢环式等。

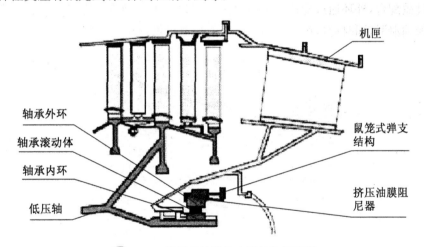

图 2-9　转子系统弹性支承结构示意图

目前,挤压油膜阻尼器(Squeeze Film Damper,SFD)(如图 2-10)在航空燃气涡轮发动机的支点上得到广泛的应用。SFD 减振技术是目前应用最广泛的航空发动机减振技术,其结构设计相对简单,减振效果好。在工作状态下,由于轴颈涡动对油膜产生挤压效应,产生油膜阻尼,从而达到减小转子系统振动、提升整体稳定性的目的。

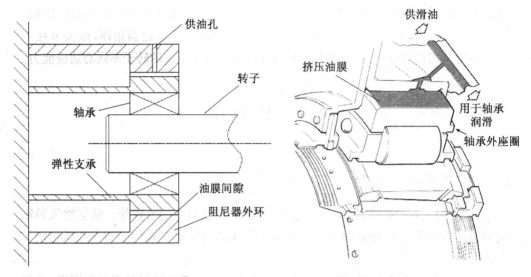

图 2 - 10 挤压油膜阻尼器示意图

2.3.2 风扇转子支点

风扇转子支点结构如图 2 - 11 所示。风扇转子的 2 个支点位于风扇叶盘后方，分别为 N1 轴承和 N2 轴承，两个轴承之间采用定距衬套限定轴向距离。N1 轴承为滚棒轴承，承受风扇转子的部分径向载荷，可分解为内环与外环两部分，内环与风扇轴为过盈配合，外环通过螺栓固定于风扇支撑机匣上。轴承前方采用两道封严篦齿防止滑油泄漏，同时通过风扇支撑机匣上的通道提供密封所需的高压气流。

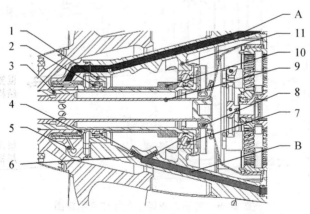

1—N1 轴承外环；2—N1 轴承内环；3—风扇轴；4—N1 篦齿封严环；5—封严环支承座；
6—滑油喷嘴；7—N2 轴承；8—中央油气分离器；9—喇叭轴；10—N1 - N2 定距衬套；
11—风扇支撑机匣；A—高压气体；B—滑油。

图 2 - 11 风扇转子支点结构

风扇转子的第 2 个支点即 N2 轴承，为止推球轴承，承担和传递风扇转子的部分径向载荷和全部轴向载荷。其内环与风扇轴通过圆柱面过盈配合,外环通过螺栓固定在风扇支撑机匣上。

风扇支撑机匣上设置有为 N1 和 N2 轴承提供滑油的通道及滑油喷嘴(如图 2-11 的 6、B),为两个轴承喷射供油。N2 轴承后的中央油气分离器,对油气混合气进行分离,分离出的气体,沿着喇叭轴和风扇轴构成的环腔,穿过喇叭轴上的小孔,流到整流锥后壁面,然后通过整流锥上的小孔吸入主气流,如图 2-13 所示。

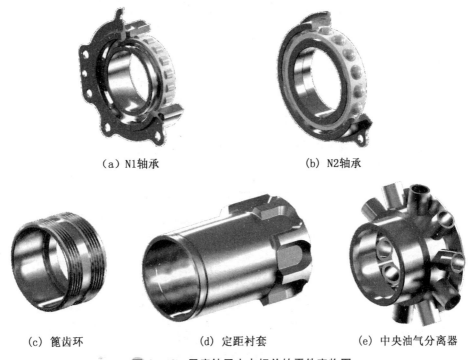

（a）N1 轴承　　　　　　　　　　　（b）N2 轴承

（c）篦齿环　　　　　　（d）定距衬套　　　　　（e）中央油气分离器

图 2-12　风扇转子支点相关的零件实物图

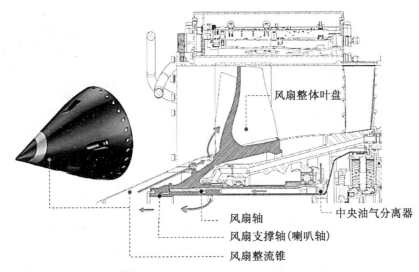

图 2-13　油气分离后气体的流动方向

2.3.3 低压涡轮转子支点

低压涡轮转子前支点结构如图 2-14 所示。N3 轴承为低压涡轮转子的前支点,位于低压涡轮轴的前端,为止推球轴承,承担和传递低压涡轮转子的部分径向载荷和所有轴向载荷。外环通过螺栓固定在齿轮箱上,齿轮箱固定在主机匣上,内环与低压轴为圆柱面的过盈配合。在齿轮箱上设有滑油通道与滑油喷嘴,为 N3 轴承提供滑油。为防止 N3 止推轴承的滑油在高低压轴间泄漏,DGEN380 发动机采用了 ISS (Inter Spool Seal))轴间封严组件。

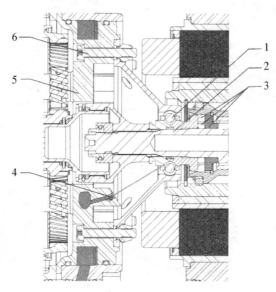

1—N3 轴承;2—低压涡轮轴;3—ISS 封严组件;4—滑油喷嘴;5—齿轮箱;6—螺栓。

图 2-14 低压涡轮前支点结构

(a) N3 轴承

(b) ISS 封严组件

图 2-15 前支点零件实物图

低压涡轮转子后支点结构如图 2-16 所示。N6 轴承为低压涡轮转子后支点,位于低压涡轮轴末端,为滚棒轴承,承担和传递低压涡轮转子的径向载荷,内外环可分解。N6 轴承的内环与低压轴通过圆柱面过盈配合,轴承内环前端面与低压涡轮盘抵紧,实现端面定位,后端面通过低压轴后螺母锁紧轴向位置。

N6 轴承外环及其支座组件安装于排气机匣的内锥体内部,由轴承座、端盖及密封圈、鼠笼式弹性支座、耐磨环等组成,如图 2-16 所示。在发动机上,采用弹性支座的主要目的是为改变转子的支承刚性,调整转子临界转速,同时弹性支座本身的弹性变形也能吸收一部分能量,起到减振的作用。N6 轴承(图 2-17)采用的是鼠笼式弹性支座,鼠笼式弹性支座为钢制套筒上铣出槽,形成辐条,通过改变套筒的壁厚,辐条的宽度、长度和数目改变支承刚性。

E3 滑油腔供油管路穿过排气机匣的空心整流支板,对 N6 轴承进行喷射润滑。为了防止滑油泄漏,轴承座后端面安装盖板,前端面安装耐磨环,耐磨环与低压涡轮盘后的两道篦齿进行非接触式封严。

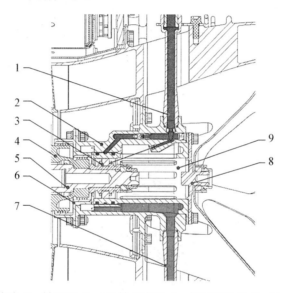

1—供油管路;2—轴承座;3—N6 轴承内环;4—低压涡轮盘;5—低压涡轮轴;
6—耐磨环;7—回油管路;8—端盖;9—N6 轴承鼠笼式弹性支座。

图 2-16　低压涡轮后支点

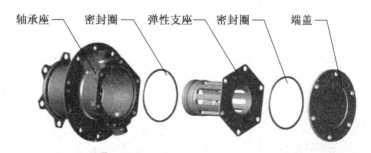

图 2-17　N6 轴承腔及其弹性支座

2.3.4 高压转子支点

高压转子前支点如图 2-18 所示。N4 轴承(图 2-19)为高压转子的前支点,位于离心压气机前,为带弹性支座的止推球轴承,承担和传递转子的部分径向载荷和全部轴向载荷。轴承外环采用鼠笼式弹性支座,起到调整转子临界转速、减小振动的作用。轴承外环通过 8 个螺栓固定于主机匣,其中 2 个螺栓同时将 N4 滑油喷嘴、轴承外环固定在主机匣上。轴承内环后端面与离心叶轮前轴颈抵紧,实现端面定位,轴承内环与高压轴通过圆柱面过盈配合。

在主机匣上设置了滑油通道,并安装 N4 滑油喷嘴,N4 滑油喷嘴将滑油喷射到 N4 轴承的环下,滑油经轴承内圈上的径向孔、槽或分半式内环的缝隙进入轴承滚珠,即从轴承内环下部向轴承供油,而不像喷射润滑由轴承端面直接喷入轴承,环下润滑相对于喷射润滑,油流路合理,润滑油利用率高,降温效果更为优异。离心压气机的前轴上加工有两道封严篦齿,主机匣与封严篦齿对应的位置设计有耐磨涂层,防止滑油泄漏。

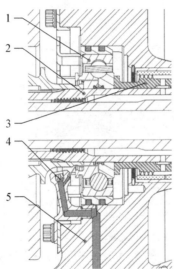

1—N4 轴承;2—高压轴;3—离心叶轮前轴;4—N4 滑油喷嘴;5—主机匣。

图 2-18 高压转子前支点

(a) 侧视　　　　　　　　(b) 俯视　　　　　　　(c) 剖视

图 2-19 N4 轴承

高压转子后支点结构如图 2-20 所示。N5 轴承(图 2-21)为高压转子的后支点,位于离心压气机与高压涡轮盘之间,为滚棒轴承,承担和传递高压转子的部分径向载荷。N5 轴承可分解为内环和外环结构,N5 轴承外环通过螺栓固定在扩压器机匣上,内环与高压轴圆柱面过盈配合,通过轴上的凸台轴向定位。N5 轴承位于 E2 滑油腔,滑油喷嘴及如图 2-20 所示,由图可知,N5 轴承采用了环下供油的形式,滑油喷射到轴承内环下面,通过轴向槽道流到轴承内环一端的径向油孔,在离心载荷效应下甩向滚子,进行冷却。为防止滑油泄漏,在 N5 轴承外环的前后端面上设置有石墨封严环。

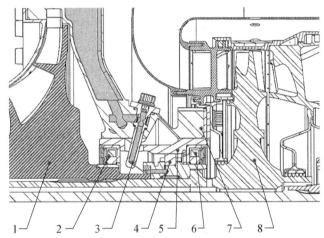

1—离心叶轮;2—前石墨封严;3—滑油喷嘴;4—N5 轴承内环;5—N5 轴承外环;
6—后石墨封严;7—扩压器;8—高压涡轮盘轴整体结构。

图 2-20　高压转子后支点

　　(a) N5 轴承剖视　　　　　(b) N5 轴承外环　　　　　(c) N5 轴承内环滚子

图 2-21　N5 轴承实物

　　石墨是一种较软的且自带润滑功能的材料,使用石墨为封严材料设计的封严环可以在转静子之间形成接触式封严,有效防止滑油泄漏。石墨端面封严装置具有较好的密封效果,较长的使用寿命,摩擦功率消耗低,不损坏旋转轴外表面的特点。同时,它对旋转轴在工作过程中产生的振动、偏摆、偏斜等不敏感,密封效果并不会受到明显影响。

图 2 - 22 为石墨封严环（CS，Carbon Seal）的结构示意图。石墨密封环装在密封座内，其端面与密封座内侧端面贴合，构成辅助密封界面。石墨密封环与密封跑道的初始接触负荷，是靠紧箍在石墨外径周向弹簧实现的；与密封座辅助密封端面的初始接触，是靠轴向弹簧实现的。圆柱止动销防止石墨环随密封跑道旋转，但能径向浮动，以适应偏心和跟随跑道跳动。石墨封严环位于转动件和静子件之间，形成了径向动态封严。

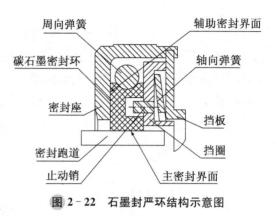

图 2 - 22　石墨封严环结构示意图

E2 滑油腔的前、后石墨封严环与 N5 轴承外环均采用圆柱面过盈配合，前石墨封严在径向上与离心叶轮的短轴外径形成主密封界面，后石墨封严与轴承内环形成主密封界面。

2.4　静子承力系统

2.4.1　静子承力系统概述

承力系统主要包括承力机匣、承力框架和相应的连接结构组成的结构组件，用于承受和传递作用在结构单元上的载荷，是各轴承到发动机安装节之间的承力结构的统称。

为了减轻发动机质量，充分利用机匣材料，航空发动机上的大多数机匣均作为承力结构。将转子支点的载荷通过气流通道传至外承力壳体（承力机匣）的构件，称为承力框架，常见的承力框架有以下几种形式。

① 静子叶片。直接利用一些低温区的静子叶片传力，有利于简化结构，缩短发动机长度。

② 涡轮级间承力框架。涡轮转子有级间支点时，如 RB211、RB199 发动机的三转子发动机，利用空心的涡轮叶片内部的承力件来传力，见图 2 - 23。

③ 涡轮后承力框架。涡轮转子有后支点时，需采用涡轮后的轴承机匣，将轴承载荷外传，也有利用尾喷管内锥与尾喷管外壳体之间的支板传递载荷的，见图 2 - 24。

④ 铸造或焊接的整体机匣。将按照轴承座的内机匣与外机匣通过支柱连接为整体，有的采用铸造工艺，有的采用焊接工艺。内外机匣之间的支柱传力，比如进气机匣、扩散机匣及中介机匣，其中，中介机匣是指位于风扇（低压压气机）和高压压气

机之间的过渡机匣。图 2-25 中,压气机分别使用了进气机匣和中介机匣作为承力结构。在低压压气机前端,使用了进气机匣作为承力框架结构,由外机匣、整流叶片、内机匣及轴承座等结构组成低压压气机前支点的承力框架。低压压气机后支点及高压压气机前支点使用了中介机匣作为承力框架结构,由外机匣、承力支板、内机匣、锥壁和轴承座构成承力框架。

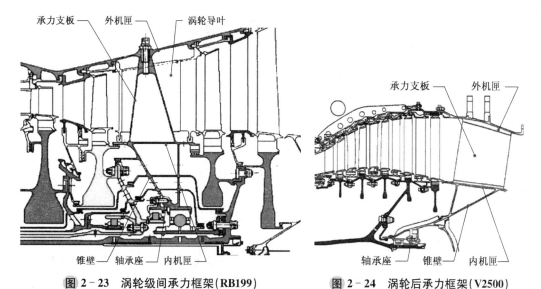

图 2-23　涡轮级间承力框架(RB199)　　　图 2-24　涡轮后承力框架(V2500)

图 2-25　进气机匣与中介机匣作为承力结构示意图(F404)

2.4.2　静子承力系统

DGEN380 发动机的机匣可分为:风扇机匣、风扇支撑机匣、主机匣、燃烧室机匣、扩压器机匣以及排气机匣。其中,内机匣、支板与中介机匣为整体结构,称为主机匣;尾喷管外壳、整流支板、内锥体为整体结构,称为排气机匣,如图 2-26 所示。

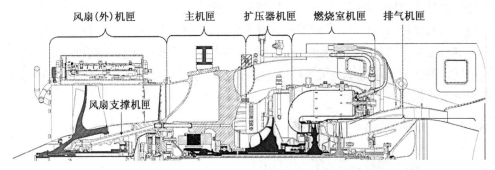

图 2 - 26　DGEN380 发动机的机匣

风扇转子的 N1、N2 轴承安装于风扇支撑机匣,风扇支撑机匣是风扇转子的承力机匣,将风扇转子的轴向力和径向力传递给主机匣。

低压涡轮转子前支点 N3 和高压转子的前支点 N4 均为滚珠轴承,均安装在主机匣的内机匣上,通过支柱将高、低压转子的所有轴向力和部分径向力传递给主机匣的外机匣。

高压转子后支点 N5 轴承承担高压转子的部分径向载荷,安装在扩压器机匣上,通过扩压器机匣传递转子的径向载荷。

低压涡轮转子后支点 N6 轴承承担低压转子的部分径向载荷,安装于排气机匣内锥体中,该载荷传递给内锥体后通过整流支板传递给尾喷管外壳,随后传递给燃烧室机匣。

DGEN380 发动机的 3 个止推支点的位置较为集中,位于风扇转子和高压压气机转子之间,这个位置温度较低,有利于提高止推支点的轴承寿命。同时发动机的主安装节位于主机匣上,这样的设计可以缩短传力路径。

由此可以看出,主机匣是 DGEN380 发动机的主要承力构件,3 个转子的轴向力都将以主机匣为承力框架传递载荷,同时,主机匣还是主安装节所在位置,因此主机匣在设计时应具有足够的强度和刚度。

第 3 章
典型齿轮传动发动机压气机与涡轮结构

3.1 压气机概述

压气机的功能是提高进入发动机的空气压力,供给发动机工作时所需的压缩空气,也为座舱增压系统、涡轮冷却系统提供气流。

根据气流流动的方式,压气机可以分为:轴流式、离心式和混合式。

① 轴流式压气机单级增压比小,但是通过多级串联,可以实现较大的总增压比,效率高,单位面积空气流量大,所以目前在航空燃气涡轮发动机中,特别在大、中型发动机中得到较多应用。

② 离心式压气机的单级增压比高,结构简单可靠,稳定工作范围较宽,因而在小型发动机上得到广泛的应用。目前,离心式压气机最多为双级串联应用。

③ 轴流式和离心式压气机的组合称为混合式压气机,广泛应用于中、小型发动机。

根据转子的数目,压气机可以分为单转子、多转子。目前,双转子压气机应用最多,在双转子压气机的两个压气机分别称为低压压气机和高压压气机。

压气机主要部件为进气机匣、防冰装置、压气机转子、压气机静子及防喘装置等。

转子是高速旋转对气流做功的组合件,它将从涡轮传来的扭矩传给转子叶片,并带动叶片高速转动对气流做功增压。轴流式压气机的转子一般由转子叶片、盘/鼓、轴以及连接件组成。

轴流式压气机转子的结构形式有:鼓式、盘式以及盘鼓混合式。盘式转子的若干盘通过一根轴连接,鼓式转子的叶片安装在鼓筒上,鼓筒通过前后安装边与轴连接。盘鼓混合式转子同时具有鼓式转子抗弯刚性大和盘式转子承受离心载荷大的特点,因而得到广泛的应用。

压气机叶片的榫头形式主要为燕尾形榫头和销钉式榫头。相对于销钉式榫头,燕尾形榫头具有体积小、承载能力更高的优点,得到了更为广泛的使用。随着设计和制造能力的提升,很多先进发动机采用整体叶盘或者整体叶环的结构,这类结构省去了榫头、榫槽等连接装置,不仅可以有效减重,还具有减少榫头的漏气量、提高效率,避免由榫头的磨蚀、裂纹及锁片的损坏带来的故障等优点,得到了越来越多的应用。采用整体叶盘或整体叶环结构,设计中要保证叶片前缘具有较小振动应力和较高的抗外物打伤能力,同时要考虑叶片被外物打伤后的维修问题。

静子是静子组合件的总称。轴流压气机静子包括机匣和静子叶片组件。对于双转子涡扇发动机,在高、低压压气机之间还有一个中介机匣,实现内、外涵道分流,同时,中介机匣多用于支承轴承及安装附件传动机构。

离心式压气机的转子一般包括导风轮、离心叶轮以及转轴。离心式压气机的静子由进气装置、叶轮前壁和后壁、扩压器以及支承转动部分的机匣组成。

3.2 低压压气机

3.2.1 低压压气机转子/风扇转子

DGEN380发动机低压压气机转子为双支点、单级轴流式风扇。低压转子结构图及立体结构如图3-1和图3-2所示。

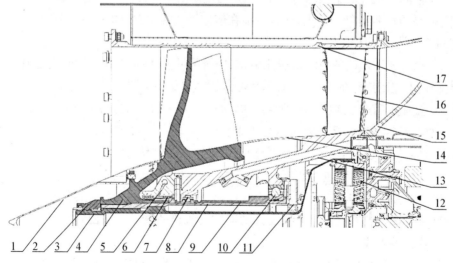

1—整流锥;2—风扇轴螺母;3—喇叭轴;4—风扇整体叶盘;5—耐磨环;6—箆齿环;7—N1轴承;8—风扇轴;9—N1-N2定距衬套;10—N2轴承;11—中央油气分离器;12—减速齿轮;13—风扇支撑机匣;14—风扇导叶内环;15—主机匣支板;16—风扇出口导叶(OGVS);17—风扇机匣。

图 3-1 低压压气机结构图

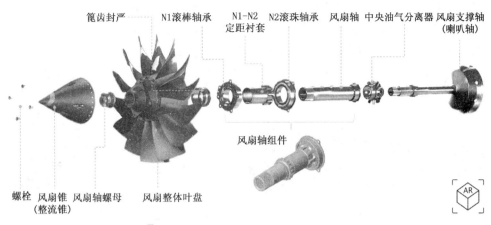

图 3 - 2　DGEN380 风扇转子立体分解图

整流锥(见图 3 - 2)的主要作用是减小发动机的进气压力损失。整流锥采用航空 Al 7075 制成,重量为 115 g。整流锥与风扇盘前端面通过 4 个螺栓连接,工作时随风扇共同旋转,有利于防止整流锥结冰。

DGEN380 发动机采用风扇整体叶盘(图 3 - 3),具有 14 个宽弦弯掠风扇叶片。整体叶盘结构形式相较于榫连接结构,有效降低了风扇重量、减少零件数目、提高气动效率与结构可靠性,采用宽弦叶片提高了结构的抗振能力和抗外物冲击能力。该整体叶盘采用 Al 7175 材料制成,外径 352 mm,重量为 2 990 g。风扇叶盘与风扇轴为过盈配合,通过圆柱面定心,风扇叶盘前端的内套齿与风扇轴外套齿(图 3 - 4)啮合,传递扭矩,前端通过风扇轴螺母压紧,限制风扇叶盘轴向位移。

图 3 - 3　风扇整体叶盘实物图

风扇轴(图 3 - 4)和喇叭轴(图 3 - 5)是 DGEN380 发动机风扇转子传扭的重要零件。喇叭轴的大直径一端内径处与减速齿轮的外齿圈相啮合接受扭矩,喇叭轴细长端的外套齿与风扇轴的内套齿相啮合,驱动风扇轴,而风扇轴的外套齿与风扇整体叶盘前端的内套齿相啮合,将扭矩传递给风扇整体叶盘。

N1 滚棒轴承内环、定距衬套、N2 滚珠轴承内环依次安装在风扇轴上,组合件简称为风扇轴组件。油气分离器安装在喇叭轴上,喇叭轴直径较小,穿过风扇轴,前端拧紧风扇轴螺母后,将风扇叶盘、风扇轴组件、喇叭轴连接为整体。

定距衬套(图2-12(d))确定 N1 轴承与 N2 轴承之间的距离,还起到音轮的作用,与低压转速传感器配合,可测量风扇转子的转速。

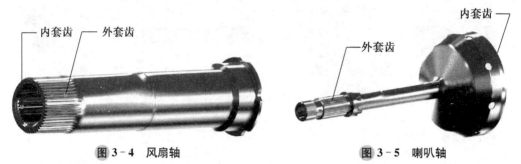

图 3-4　风扇轴　　　　　　　　　　图 3-5　喇叭轴

3.2.2　低压静子

轴流式压气机的静子由机匣和静子叶片组成。DGEN380 发动机风扇部件的静子主要包括:风扇(外)机匣、风扇支撑(内)机匣以及静子叶片/出口导叶(Outlet Guide Vane,OGV)。

静子叶片的作用是使气流减速扩压,并调整至轴向流动方向排出。静子叶片可采用双支点或单支点方案。目前双支点方案在静子叶片中得到广泛的应用,双支点方案中静子叶片一般会设计有内、外缘板,这种设计有利于加强叶片的刚性,提高固有频率,同时内缘板有利于减少漏气损失,具有提高压气机效率的优点,但是双支点的叶片质量较大。当静子叶片较短时,可以不带内缘板,采用单支点方案,一端固定于机匣中,另一端靠叶尖与转子鼓筒外环形成级间封气,有利于简化结构,减轻重量。

DGEN380 发动机的静子叶片共计 40 片,采用两支点的方案,如图 3-6 所示,叶片带有内、外缘板,分别插入风扇支撑机匣和风扇(外)机匣的槽中,在风扇(外)机匣的外端使用弹性橡皮圈和金属环限制风扇出口导叶的径向位移,使拆装和更换方便,维护更为简单。为了减轻重量,叶片采用低密度、工作温度范围较宽的先进树脂材料制成,单片叶片重量为 11 g。

　　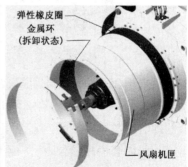

(a) 静子叶片　　　　(b) 叶片安装位置透视图　　　　(c) 风扇机匣

图 3-6　DGEN380 发动机静子叶片与风扇机匣

典型的压气机机匣有分半式和整体式。分半式机匣拆装时不需要分解转子,便于发动机的装配、检查和维修,然而分半式机匣存在周向刚度不均匀的缺点。为了加强周向刚度,有的机匣还有加强肋,同时为了保证接合面的连接刚度和密封性,采用较厚的安装边结构和一定数量的螺栓,这会造成分半式机匣的质量增加。目前,整体式机匣由于其周向刚度均匀得到了较为广泛的使用,对于级数较多的转子,通过会采用轴向分段的整体式机匣。

DGEN380 发动机低压压气机为单级轴流式,因此选择了周向刚度均匀的整体式外硬质金属机匣,如图 3-6(c)所示,后端安装边通过 23 个螺栓与主机匣连接。风扇机匣构成流道的外壁面,为提高效率、减少潜流损失,机匣与风扇叶片叶尖之间要具有尽可能小的间隙,为此,风扇机匣内表面对应风扇叶片部位涂覆了易磨涂层。风扇机匣后端沿周向均匀分布了 40 个安装出口导叶的斜槽,并承受和传递出口导叶所受的气动载荷。

DGEN380 的风扇支撑机匣(图 3-7),也称为风扇内机匣。风扇支撑机匣呈截锥体,风扇轴组件、中央油气分离器、喇叭轴等零部件均位于风扇支撑机匣的内腔中,其中,N1 轴承和 N2 轴承的外环通过螺栓固定于风扇支撑机匣内,风扇转子的载荷通过轴承传递给风扇支撑机匣,通过风扇支撑机匣传递至主机匣,因此,风扇支撑机匣是风扇转子重要的承力和传力构件。风扇支撑机匣还为静子叶片和转速传感器提供了安装位置。为给 N1、N2 轴承提供滑油,风扇支撑机匣上设计有滑油通道。为防止滑油泄漏,风扇支撑机匣前端安装有篦齿封严环,并在机匣上设置气流的通道,为篦齿封严提供高压气流。

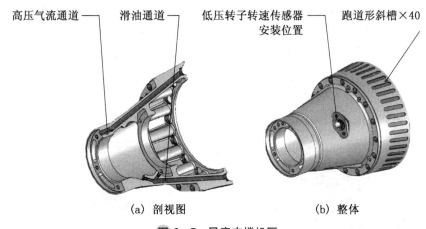

（a）剖视图　　　　　　　　　（b）整体

图 3-7　风扇支撑机匣

3.3 高压压气机

DGEN380 发动机的高压压气机为单级离心式。离心式压气机结构分为转子和静子,其中,离心叶轮为高压压气机的主要转子件,叶轮罩和扩压器为高压压气机的主要静子件。离心式叶轮对气流做功,随之高速旋转气流获得动能,然后进入扩压器中降速增压。

离心式压气机由于单级增压比高、防喘裕度大等优点,在空气流量比较小的航空发动机上得到了广泛应用。同时,离心式压气机与回流式燃烧室配合,结构更为紧凑,有利于缩短转子支点跨度、减小质量、提高转子的临界转速。

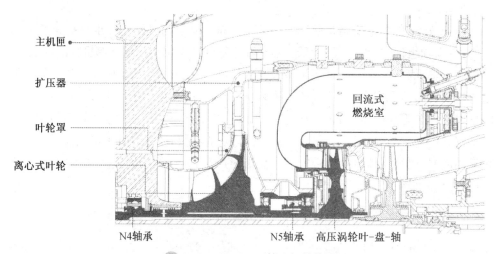

图 3-8 DGEN380 核心机结构图

DGEN380 的离心式叶轮(图 3-9)为钛合金锻件,经五坐标数控机床加工制成,S 形叶片可以改善气动效率与特性,同时在两个叶片之间还有较短的分流叶片。叶

(a) 整体   (b) 前端面局部

图 3-9 DGEN380 发动机离心叶轮

轮与前轴颈为整体结构,轴颈上有两道封严篦齿,两道封严篦齿之间开有通气孔,通过该孔引入高压气体对前方的滑油腔进行封油。离心叶轮与高压轴为过盈配合,双圆柱面定心,离心叶轮与高压轴之间通过套齿传扭。

离心叶轮前方有离心叶轮罩,后方接扩压器的腹板。叶轮罩通过螺栓固定在扩压器上,构成气流通道的外壁面。气流从离心叶轮流出后,进入扩压器。

扩压器的主要作用是使高速流入的空气流速降低,压力提高。扩压器有蜗壳式、管式和叶片式等形式,在航空燃气涡轮发动机中较多采用叶片式的扩压器。

DGEN380 发动机采用叶片式扩压器(图 3 - 10),由前盖、叶片和腹板组成,叶片和腹板焊接为一体,若干沿周向均匀分布的叶片构成扩张型流道,从离心叶轮甩出的气流,沿叶片组成的气流通道减速、扩压。相对于蜗壳式的扩压器,流动轨迹短,流动损失小。同时,扩压器机匣中心位置安装有 N5 轴承,作为承力框架传递高压转子的径向载荷。

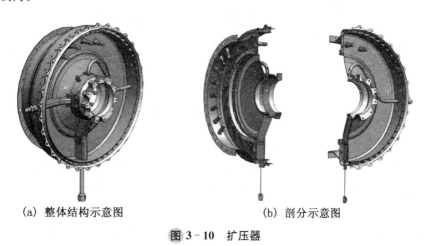

(a) 整体结构示意图　　　(b) 剖分示意图

图 3 - 10　扩压器

3.4　减速齿轮器

3.4.1　减速齿轮概述

GTF 发动机通过在风扇和增压级间增加齿轮减速器,解耦了风扇和低压压气机之间的转速匹配关系,风扇转速可以进一步降低,低压涡轮转子可以在较高的转速下运行,实现提高涵道比、降低耗油率的效果。

减速齿轮器是 GTF 发动机区别与传统涡扇发动机的显著标志,也是 GTF 发动机技术成熟度的决定因素。其基本要求是传递功率大、体积小、质量轻、效率高和工作平稳,但存在风扇驱动减速齿轮器设计加工难度大、传热润滑结构设计相对复杂等问题。

3.4.2　减速齿轮

减速齿轮是 DGEN380 齿轮传动风扇发动机的核心技术之一。它的作用是接受低压涡轮轴的扭矩输入,传递扭矩至喇叭轴,进而驱动风扇转子,实现传动比为 3.32:1 的减速传动。

减速齿轮如图 3-11 所示,主要由行星轮支架、太阳齿轮、三个行星齿轮、环形齿轮、行星轮支架以及齿轮箱组成。

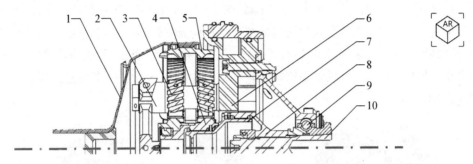

1—喇叭轴;2—行星轮支架;3—行星轮;4—太阳轮;5—环形齿轮;6—齿轮箱;
7—BOGEY1;8—BOGEY2;9—N3 轴承;10—低压涡轮轴。

图 3-11　减速齿轮系统

低压涡轮轴与太阳轮之间通过 BOGEY2 与 BOGEY1 传递扭矩(图 3-11)。具体为:BOGEY 2 零件通过小直径端的内套齿从低压轴上接受低压涡轮的扭矩,通过大直径端的内套齿将扭矩传递给 BOGEY1。BOGEY1 小直径端的外套齿与太阳轮的内套齿啮合,实现将低压涡轮轴的扭矩传递给减速齿轮系统(图 3-12)。

齿轮箱通过法兰边的螺栓固定于主机匣上,行星轮支架通过 3 个螺栓固定于齿轮箱的三个凸耳上,三个行星齿轮安装于行星轮支架上。

1—齿轮箱;2—行星轮×3;3—太阳轮;4—行星轮支架;5—螺栓×3;6—主机匣。

图 3-12　减速齿轮局部实物图

由此可见,行星架通过螺栓固定,动力从太阳轮输入,从环形齿轮的外齿圈输出,行星齿轮为惰轮。这种固定行星架的设计,相对于非固定行星架,可以有效减小由于行星架高速旋转带来的离心载荷。

该行星齿轮传动系统必须进行滑油润滑,行星轮支架上分布有滑油喷嘴,对传动齿轮进行润滑;齿轮器壳体上安装了三个滑油短导管,为行星轮轴承提供滑油。齿轮器的滑油消耗量占 DGEN380 发动机滑油总消耗的 50% 左右。

(a) 齿轮箱   (b) 齿轮   (c) BOGEY1

图 3 - 13　减速齿轮器零件实体图

DGEN380 发动机的风扇轴和低压轴分别由 2 个支点独立支承(图 2 - 3),且各自有 1 个止推支点,难以保证风扇转子与低压涡轴转子的转轴共线,因此减速齿轮在设计上要保证风扇转子和低压涡轮转子轴线不共线同心情况下能够正常工作。DGEN 380 发动机的减速齿轮行星轮支架通过 3 个球头节固定于齿轮器箱体,球头节在一定的角度范围内能够自由活动,使低压转子获得了良好的转子不同心适应能力。

3.5 涡轮结构

3.5.1 涡轮结构概述

燃气涡轮是将高温燃气中部分热能和动能转化为机械能的部件,现代航空发动机一般采用轴流式涡轮,其结构一般由涡轮转子、静子、冷却系统等部件组成。与压气机类似,按照转子的数目,涡轮可以分为单转子、双转子和三转子。

每一级涡轮都由导向器和转子组成,导向器为静子叶栅,将燃气的内能转化为动能,并使燃气按一定的方向流入转子叶片,燃气进入转子叶片进一步对叶片做功,将内能、动能转化为机械能。

涡轮部件在高温、高转速下工作,是发动机中热载荷和机械载荷最大的部件,工作环境非常恶劣。与压气机相比,涡轮具有以下特点:

（1）涡轮部件需要采用冷却措施。

（2）涡轮效率受叶尖间隙影响显著，需要采用多种结构措施保证叶尖间隙满足要求。

（3）涡轮叶片与轮盘、轮盘与轴的连接方式有别于压气机。

（4）高压一般为单级或双级，低压一般由多级组成，涡轮的总级数少于压气机。

涡轮转子由涡轮盘、涡轮轴、工作叶片及连接零件组成。多级涡轮转子较多的采用了盘鼓混合式结构，如图3-14所示。也有一些高压涡轮采用类似加强盘式的结构，两级盘各自带有短轴，短轴与涡轮轴通过套齿传扭，通过轴端的螺母限制涡轮盘的轴向位移，在两级盘之间使用封严环或者封严盘，如图3-15所示。

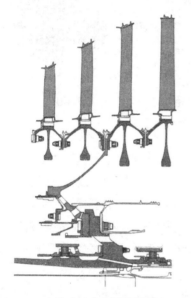

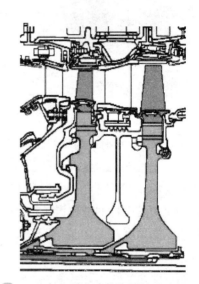

图 3-14　盘鼓式的多级涡轮转子（CFM56）　　　　图 3-15　加强盘式的涡轮转子（V2500）

涡轮转子叶片主要由叶身和榫头组成。涡轮转子叶片的榫头多为枞树形榫头。有些涡轮转子叶片还会设计有中间叶根（伸根）以及叶冠，如图3-16所示。

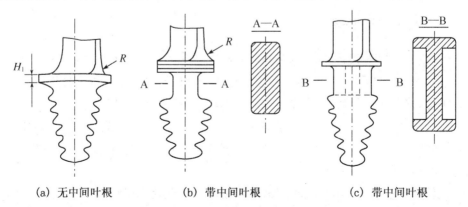

(a) 无中间叶根　　　　　(b) 带中间叶根　　　　　(c) 带中间叶根

图 3-16　叶片型面部分与榫头的连接

中间叶根(图 3 - 16 的 b、c)有利于降低叶片对盘的传热，方便冷却空气导入，有改善应力集中、便于安装阻尼材料、减少轮缘厚度等优点，虽然会增加叶片的质量，但是可显著减轻轮盘质量，涡轮转子的总质量可能得到有效减小。

　　在涡轮转子采取叶尖带冠(图 3 - 17)，可以有效减小叶片尖部由叶盆向叶背的二次损失，提高涡轮效率；相邻叶冠相互抵紧之后，增强叶片的刚性，提高叶片的振动频率，同时叶冠之间的摩擦吸收振动能量，起到减振的作用。其主要缺点是叶尖带冠导致离心载荷增大。

图 3 - 17　叶冠结构

　　涡轮静子由涡轮机匣和导向器等部分组成，是涡轮部分的主要传力件。

　　涡轮机匣工作在高温燃气的环境中，与压气机机匣相比，工作温度高、冷热变化剧烈，因此为了保证周向间隙均匀，多采用周向刚度均匀的整体式机匣。

　　为了提高涡轮效率，应保证尽可能小的涡轮叶尖间隙，涡轮机匣设计时，常用的减小涡轮叶尖间隙的结构措施有：设计合理的初始装配间隙，采用双层机匣，涡轮机匣选择低线膨胀系数的合金材料，采取间隙控制技术。

　　导向器由导向器内、外环和导向器叶片组成。通过导向器，气流的部分热能转化为动能，并满足工作涡轮所要求的进气气流方向。导向器的排气面积直接关系到发动机的空气流量，影响推力，对于双转子发动机，排气面积还影响高、低压转子工作时的转速差，因此，需要对排气面积进行调整。

3.5.2　高压涡轮

　　DGEN380 发动机的涡轮由高、低压涡轮转子(各 1 级)、高压涡轮导向器、低压涡轮导向器、高压涡轮环等组成，整个涡轮结构如图 3 - 18 所示。

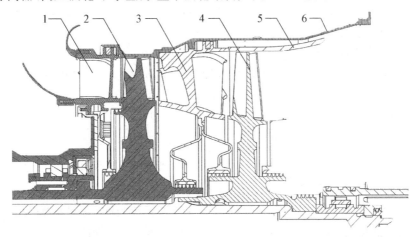

1—HP 涡轮导向器；2—HPT 叶盘轴结构；3—LP 涡轮导向器；4—LPT 整体叶盘；
5—排气机匣；6—HP 涡轮环。

图 3 - 18　DGEN380 发动机涡轮部件

DGEN380 发动机高压涡轮转子采用了单级盘式转子结构,其涡轮叶片、轮盘、轴采用整体结构,在加工的过程中,保证了叶盘与轴的定心、定位,传力、传扭可靠,整体式涡轮叶盘轴结构零件数目和质量得以大幅减少,也简化了装配流程,提高装配质量、保证转子工作可靠性。

在制造技术设备允许和性能提高与制造成本核算有益的条件下,可以采用整体式结构。如 GE90(图 3-19)及 RB199(图 3-20)发动机的高压涡轮转子的盘轴采用焊接方式成为整体结构。

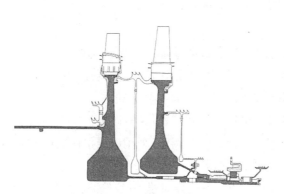

图 3-19 GE90 高压涡轮盘轴焊接结构   图 3-20 RB199 高压涡轮盘轴焊接结构

在涡轮中采用叶片、轮盘和轴一体的结构较为少见。叶片、轮盘和轴的工作温度相差较大,叶片的工作温度高、轮盘次之、轴最低,涡轮叶片、盘及轴的材料选择通常不同。对于一体的涡轮叶片、盘、轴结构设计,可能存在异种材料焊接的问题,如果选择同一材料,则需要迁就涡轮叶片的使用温度,存在材料成本提高的问题,除此之外,涡轮叶片是航空发动机结构的故障率较高的零件,维修也是叶、盘、轴整体结构需要解决的关键问题。

如图 3-21,DGEN380 发动机高压涡轮轴为较大直径的薄壁壳体,沿着涡轮盘到涡轮轴前端,依次设计有 N5 轴承轴向定位凸肩,向离心叶轮传扭的花键套齿,向 SG 转子传扭的花键套齿,以及固定高压轴螺母的螺纹。除此之外,在高压涡轮轴上开引气孔 B,从高压压气机出口引高压气体,沿着高低压轴的环腔向前,通过离心叶轮前的引气孔 A 为 N4 轴承腔提供高压气体,减少滑油泄漏。高压气体向前流动到达 ISS,可防止 N3 轴承腔滑油泄漏至高低压轴的环腔中。

HP 导向器(图 3-23)为带内、外缘板的整环结构,燃气导管与导向器的前缘为插接,导向器的内端夹在两个内支撑环之间,内支撑环通过螺栓固定于扩压器上,导向器外径处与高压涡轮环相接,使用密封环防止燃气泄漏。

高压涡轮环(图 3-24)为大直径的薄壁壳体,构成高压涡轮高温燃气通道的外壁面以及二股气流通道。采用高温合金 Hastelloy X 制成,高温合金 HastelloyX 是一种添加了钴和钨的镍-铬-钼合金,在 1 200℃时仍具有非常优秀的耐腐蚀性和强度。

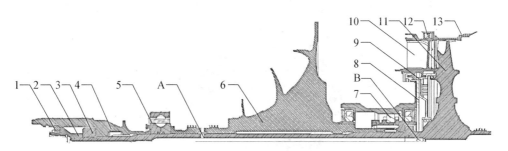

1—锥形螺纹环;2—ISS 跑道环;3—高压轴大螺母;4—SG 转子;5—N4 轴承;6—离心叶轮;
7—N5 轴承;8,9—HP 导向器内支撑;10—HP 导向器;11—HP 涡轮叶盘轴整体;12—密封
环;13—HP 涡轮环;A,B—引气孔。

图 3-21　高压转子及高压涡轮静子结构

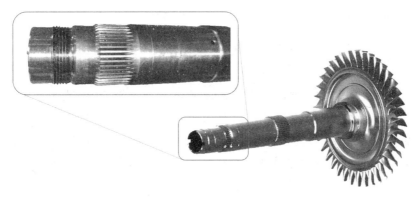

图 3-22　HP 涡轮轴

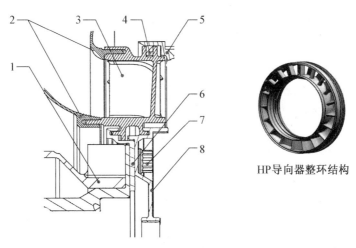

HP导向器整环结构

1—扩压器;2—燃气导管;3—HP 导向器;4—密封环;5—高压涡轮环;
6,8—HP 导向器内支撑环;7—连接螺栓。

图 3-23　HP 导向器结构

图 3-24 HP 涡轮环

3.5.3 低压涡轮

低压涡轮转子在 DGEN380 发动机三个转子中跨度最大、轴径最小。如图 3-25，低压轴需穿过空心的高压轴，低压轴前端安装 N3 止推轴承，低压涡轮盘后安装 N6 滚棒轴承，对低压涡轮转子形成两端支承。如图 3-26，为了传递扭矩，低压轴上设计了两处花键套齿，分别与低压涡轮叶盘结构及 BOGEY2 零件的花键套齿啮合，实现了将涡轮叶盘的扭矩传递给低压涡轮轴、低压涡轮轴传递给齿轮器的目的。轴的两端设计有凸肩结构，为涡轮盘、ISS 组件以及 N3 轴承的轴向定位面。

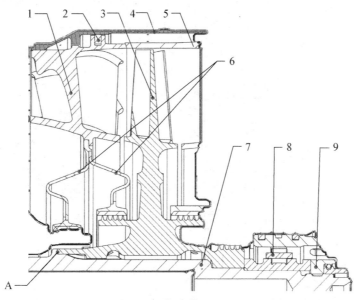

1—LP 涡轮导向器；2—金属涨圈；3—LP 涡轮整体叶盘；4—HP 涡轮环；5—排气机匣外壳体；6—级间封严装置；7—低压轴；8—N6 轴承；9—低压轴后螺母；A—凸肩。

图 3-25 低压涡轮

低压涡轮叶片及盘为整体结构(图 3-27),取代了传统枞树型榫头榫槽的叶盘连接方式,可避免榫头榫槽间隙带来的泄漏损失,有利于提高涡轮效率、简化装配流程,低压涡轮整体叶盘结构与低压轴(图 3-26)为过盈配合,通过花键套齿传递扭矩,整体叶盘后端设计了两道封严篦齿,以减少 N6 轴承腔的滑油泄漏。

低压涡轮导向器(图 3-28)为整环结构,其内、外缘板构成燃气流道内、外壁面,通过金属涨圈实现与 HP 涡轮环的封严。排气机匣的外壳体构成了低压涡轮流道的外壁面。

图 3-26 低压轴

(a) 整体　　　　　(b) 局部

图 3-27 低压涡轮整体叶盘　　　　图 3-28 低压涡轮导向器

第4章
典型齿轮传动发动机燃烧室与排气装置结构

4.1 燃烧室

4.1.1 概述

燃烧室,又称主燃烧室,是燃气涡轮发动机的重要部件之一,负责完成燃气涡轮发动机热力循环中的加热过程,其功能是将燃油中的化学能转变为热能,将压气机增压后的高压气体加热到涡轮前允许的温度,以便进入涡轮和排气装置中膨胀做功。

一般来说,燃烧室由扩压器、机匣(壳体)、火焰筒、燃油喷嘴及点火器等基本构件组成。根据主要构件的结构形式,燃烧室可以分为分管燃烧室、环管燃烧室和环形燃烧室,如图4-1所示。目前,先进发动机均采用环形燃烧室,如图4-2所示。环形

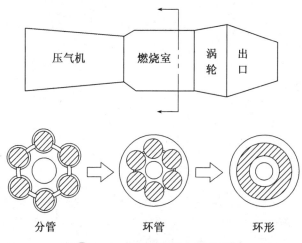

图 4-1 主燃烧室的 3 种类型

燃烧室可以分为直流环形燃烧室、折流燃烧室和回流燃烧室,后两种燃烧室常用于带离心式压气机的小型燃气涡轮发动机中。

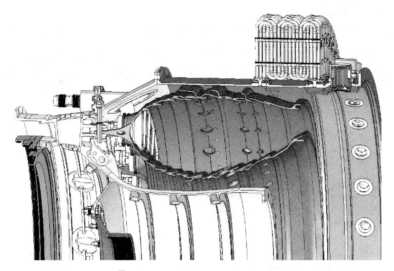

图 4-2　环形燃烧室(直流环形)

4.1.2　DGEN380 燃烧室

DGEN380 发动机为小型发动机,采用了回流式环形燃烧室缩短轴向尺寸。如图 4-3 所示,燃烧室主要由燃烧室机匣、火焰筒、高压涡轮环、定位销、起动燃油喷

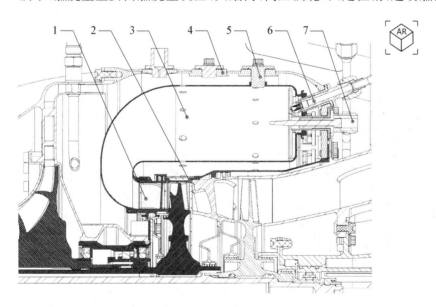

1—高压导向器;2—高压涡轮环;3—火焰筒;4—燃烧室机匣;5—定位销×3;
6—起动燃油喷嘴;7—预热塞。

图 4-3　燃烧室结构

嘴、预热塞等组成。从离心压气机出来的气体,首先向后流动,在火焰筒头部折转 180°向前流,流动的过程完成与燃油的掺混燃烧,燃烧后的气流在靠近离心式压气机处再次折转180°向后流入涡轮。

燃烧室机匣(图4-4)是发动机的重要承力构件,需要承受轴向力、径向力、扭矩、弯矩、振动等载荷,受力复杂。DGEN380发动机的燃烧室机匣为薄壁壳体,前端通过法兰边与扩压器机匣通过螺栓连接,后端面上通过螺栓连接了高压涡轮环、排气机匣,高压涡轮环起到构成二股气流流道和高压涡轮气流流道的作用。

图4-4 燃烧室机匣结构示意

火焰筒(图4-5)的主要功能是实现气流分股、组织燃烧以及燃气掺混。DGEN380发动机火焰筒由多孔内、外壁和环形头部构成,焊接为整体。在火焰筒头部沿圆周方向均匀焊接了13个燃油喷嘴浮动衬套座。除此之外,还焊接有起动燃油喷嘴和预热塞的安装座各一个,周向分布了3个安装定位销的孔。

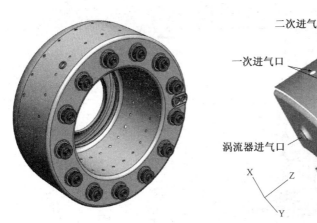
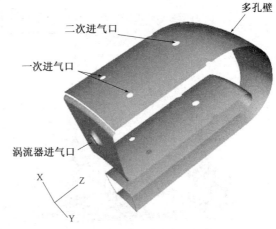

图4-5 火焰筒

为了减少火焰筒工作时热膨胀带来的热应力,火焰筒外壁通过周向均布的3个销钉固定于燃烧室机匣上,火焰筒头部13个燃油喷嘴浮动衬套座中插入13个燃油

喷嘴,起到前端支撑的作用。火焰筒的排气弯管与 HP 导向器内外缘板为插接,起到
支承的作用,轴向留有间隙,限定其刚体位移的同时,允许其热膨胀。

该火焰筒的冷却方式为气膜冷却,火焰筒筒壁上大量进气微孔,孔间间距以毫米
计量,空气从一次进气孔、二次进气孔和冷却气膜孔进入火焰筒,以降低火焰筒筒壁
温度。

DGEN380 发动机采用了预热塞点火装置,由起动喷嘴向预热塞直接喷射燃油
进行点火,提高发动机的点火可靠性。

这种回流燃烧室的结构,缩短了转子的长度,有效减轻重量,同时提高了转子的
刚性和临界转速,由于在有限的长度内,增长了流路,使得油气混合均匀,排污更少。
然而采用回流燃烧室的发动机涡轮位于高温的燃烧室的内径处,导致涡轮散热差,同
时折流 2 次,气动损失大。同时,这种燃烧室迎风面积大,一般适合于带离心式压气
机的小流量发动机。

4.1.3　DGEN380 燃油管路

图 4-6 为 DGEN380 发动机的燃油系统,拆装实践教学系统对燃油系统作了大
幅简化,拆除了燃油泵、燃油电磁阀、换热器等组件,仅保留了起动油路和主油路中的
重要组件。其中,起动油路包括一个起动喷嘴和一个预热塞(Glow plug)。

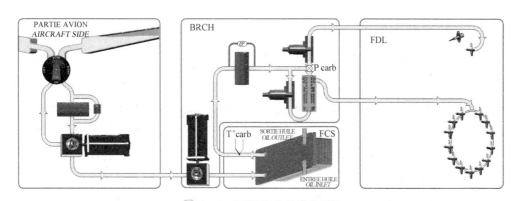

图 4-6　DGEN380 的燃油系统

发动机控制系统通过燃油电磁阀使起动输油管路处于常闭状态,仅发动机起动
阶段工作。工作时,起动喷嘴向预热塞喷射燃油,实现发动机的快速起动。

燃油管路如图 4-7 所示,包括输油管、两个输油圈、13 个燃油喷嘴,主油路输油
管一直保持 1 个标准大气压的最低管路压力,以保证燃油系统的正常工作。2 个燃
油圈呈波浪状,通过叉形的三通管连接输油总管和两个输油圈。

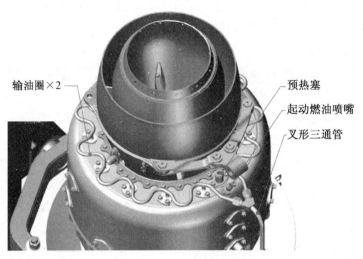

输油圈×2　　　　　　　　　　　　预热塞

起动燃油喷嘴

叉形三通管

图 4-7　燃油管路

4.2　排气装置

4.2.1　排气装置概述

航空发动机的排气装置是指涡轮或加力燃烧室之后组织排气的构件,位于发动机的尾部,使流出涡轮的燃气继续膨胀,将燃气中剩余热焓充分转变为动能,并以一定的速度从喷口排出。排气装置的组成和结构方案取决于发动机和飞机的类别和用途,排气装置包括尾喷管、反推力装置和消音装置等。其中,尾喷管是发动机必不可少的部件,其他排气装置根据发动机和飞机的需要而设置。本节主要针对排气装置中的尾喷管进行介绍。

根据使用条件的不同,发动机尾喷管的通道可以是收敛形或者收敛扩散形的,喷口面积分为可调或不可调的。根据燃气排出方向的不同,可以分为直流式尾喷管和推力矢量尾喷管。其中,亚音速及低超音速的不带加力燃烧室的涡喷发动机以及涡轮后燃气熵降较小的涡桨发动机和高涵道比涡扇发动机,都广泛采用了不可调的收敛形尾喷管。

4.2.2　DGEN380 排气装置

DGEN380 发动机为高涵道比的涡扇发动机,采用了不可调的收敛形尾喷管(图4-9),内外涵道平行排气。DGEN380 发动机的排气装置如图 4-8 所示,主要由排气机匣、滑油连接管路、N6 轴承外环及其支座组件组成。

排气机匣由外壳、内锥体和整流支板组成,内锥体与外壳通过整流支板连接为整体不可分解的整体结构,外壳前端一直延伸到低压涡轮转子,构成低压涡轮流道的外壁面。整流支板为空心结构。低压转子的涡轮后支点 N6 轴承的外环安装于排气机匣单元的内锥中心,N6 轴承承担低压转子的部分径向载荷,该载荷传递给内锥体,再通过整流支板传递给外壳,随后传递给燃烧室机匣。排气机匣正上方安装辅助安装节外传发动机的部分载荷,沿周向布置有 3 个排气温度传感器。

　　E3 滑油腔供油、回油管路穿过空心整流支板,对 N6 轴承进行喷射润滑,并保证挤压油膜阻尼器的正常工作。供回油管的内端通过螺纹与轴承腔主体连接,外端通过固定在机匣上的锁片防松。

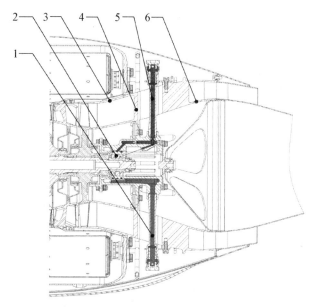

1—回油管路;2—N6 轴承;3—外壳;4—整流支板;5—进油管路;6—内锥体。

图 4-8　尾喷管结构图

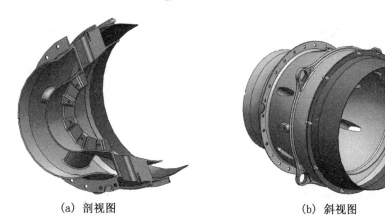

(a) 剖视图　　　　　　　　　(b) 斜视图

图 4-9　尾喷管

第二篇
典型齿轮传动发动机结构分解

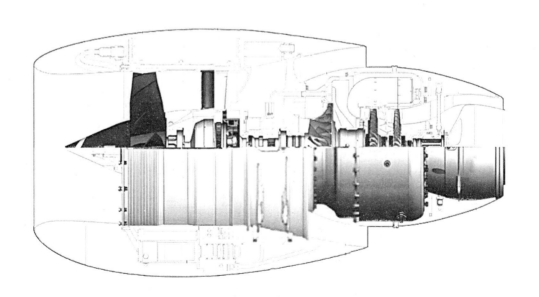

第 5 章

典型齿轮传动发动机拆装
系统简介

5.1 拆装系统简介

DGEN380 发动机拆装实践教学系统是以 DGEN380 发动机为对象设计开发系列配套设备,由以下几部分组成:一个机箱、一个装配台架、一台发动机,一辆工具手推车,两辆用于存放发动机分解下来的零件手推车,如图 5-1 所示。其中,机箱顶部配有一台笔记本电脑。

图 5-1 DGEN380 发动机实践教学系统组成

5.1.1 机箱

机箱包括:3 kW电源、启动器、采集单元,液压系统以及机箱顶部的笔记本电脑。其中,电源为发动机分阶段运行和传感器供电;启动器实现对发动机驱动的供电和调节;采集单元采集发送至发动机和装配架的信息;液压系统的目的是给发动机供油和抽油。

机箱顶部的笔记本电脑安装有 SEV 应用程序(图 5 - 2),用于:监测发动机冷运转过程中的工作参数、启动和中止发动机的驱动、启动和停止发动机滑油的抽回操作。

图 5 - 2　SEV 应用程序

5.1.2 装配台架

DGEN380 发动机装拆和整机存放都须悬挂在装配台架上,装配台架侧面的手轮用于调整发动机的俯仰姿态,顶部的手轮用于调整发动机的高度,如图 5 - 3 所示。台架侧面有连接机箱与发动机之间的控制线路、滑油管路等接口,如图 5 - 4 所示。

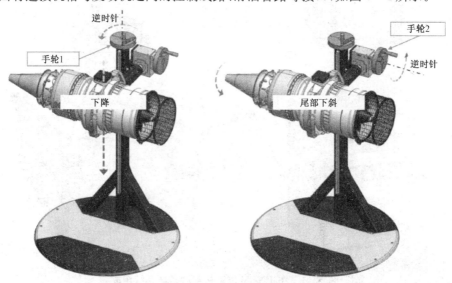

图 5 - 3　装配台架示意图

图 5‑4　台架接口

5.1.3　工具手推车

DGEN380 发动机拆装的通用工具及专用工具均存放在工具手推车(图 5‑5)中。

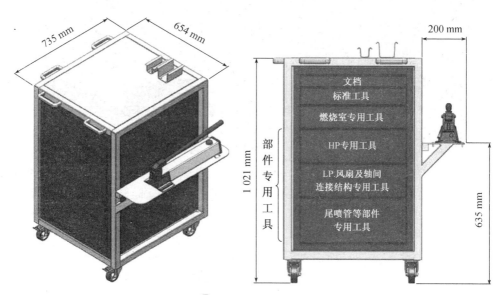

图 5‑5　工具手推车

专用工具是指为装配或者拆卸 DGEN380 发动机的某些特定零部件、在特定部位上使用而专门设计的工具。使用专用工具可以安全、可靠、快速地拆装零部件,存放在工具手推车的第 3～6 个抽屉中。专用工具根据拆装的零件进行分类放置,并采用不同的颜色加以区分,以防止错拿错用。

通用/标准工具是指机械加工、装配、修理中通常使用的工具,存放在工具手推车的第 2 个抽屉,液压作动器的操作杆位于工具手推车侧面,两个作动筒位于工具手推车的顶部。

5.2 常用工具

图 5 - 6 为拆装系统中配备的通用工具,本节主要介绍常用扳手和液压作动器的特点、使用注意事项。

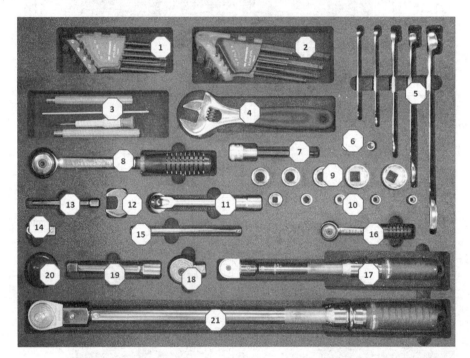

1—花形内六角扳手;2—内六角扳手;3—高压螺母拨杆,飞轮延长杆 x2,一字形起子/小改锥;4—活动扳手;5—两用双头扳手;6—梅花头套筒;7—T30 内梅花套管;8—1/2 棘轮扳手;9—大套筒;10—小套筒;11—NO. 13 套筒扳手;12—NO. 17 开口接头;13—100 mm 棘轮扳手延长杆;14—多边形末端配件;15—150 mm 延长杆;16—1/4 棘轮扳手;17—小扭矩扳手;18—扭矩扳手端部配件;19—130 mm 棘轮扳手延长杆;20—扳手把手;21—大扭矩扳手。

图 5 - 6 通用工具抽屉

一、棘轮扳手

图 5 - 6 中 8 号及 16 号分别为 1/2 及 1/4 棘轮扳手。棘轮扳手为一种最常见的手动螺栓松紧工具,是由不同规格尺寸的主梅花套和从梅花套,通过铰接键的阴键和阳键咬合方式连接的。棘轮扳手与延长杆、套筒等配合,可用于旋转狭窄或难于接近位置的螺栓或螺母的松紧操作,实现单向施加载荷,具有适用性强、使用方便的特点。

注意：不要使用棘轮扳手对螺栓或螺母做最后的拧紧，避免使用棘轮扳手施加过大的扭矩，否则会损坏内部的棘爪。

二、内六角扳手和花形内六角扳手

图 5-6 中 1 号及 2 号工具，用来拆卸内六角和花形内六角螺栓，此类扳手多为 L 形。使用 L 形的内六角扳手和花形内六角扳手时，可以手持长端进行紧固或旋松。

注意：在使用内六角扳手时，应选取与螺栓内孔相适应的扳手，并且不允许使用任何加长装置，否则会使扳手损坏。

三、两用双头扳手

图 5-6 中 5 号工具为两用双头扳手。该扳手一端为开口式、一端为花环式，其作用是紧固、拆卸一般标准规格的螺母和螺栓。开口端可以直接插入或套入紧固对象，使用较方便。花环端孔壁一般是 12 边形，可将螺栓头部或螺母套住，扭转力矩大，工作可靠，不易滑脱，携带方便，适用于旋转空间狭小的场合。钳口宽度应与紧固对象宽度匹配，以免损伤紧固对象。

四、扭力扳手

图 5-6 中 17 号及 21 号工具为扭力扳手，一般在对拧紧力矩有要求的场合使用。在发动机装配的过程中，很多螺栓紧固件对拧紧力矩有严格的要求，这时就需要采用扭力扳手实现拧紧力矩的控制。

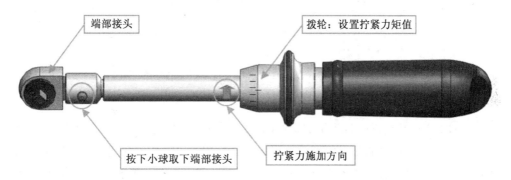

图 5-7　扭力扳手

本套拆装工具配备了两个量程的预置式扭力扳手，根据扭矩大小选取适中量程的扭力扳手，所测扭力值不可小于扭力扳手量程的 20%，太大的量程不宜用于小扭力零件的加固，小量程的扭力器更不可以超量程使用。其使用步骤如下：

（1）首先旋转拨轮设定好所需的扭矩值上限，施加扭矩的方向与扳手上的红色箭头方向一致（如图 5-7 所示）。

（2）将受力棘爪通过端部接头连接好辅助配件（如连接杆、套筒等），确保连接可靠。

（3）手要握住把手的有效范围，沿垂直于管身方向慢慢地加力，当施加的扭矩达到设定值时，扳手会发出"卡嗒"声响，扳手连接处折弯一点角度，同时伴有明显的手感振动,此时,立即停止施力以保证扭矩准确。

（4）使用完毕后,需要旋转拨轮将预置式扭力扳手的预设扭矩数值恢复到原位。

注意事项如下:

（1）施力过程中,避免垂直和水平方向的大幅偏摆,依照国家规范仪器支配规范,其垂直度偏差左右不应超过 10°,其水平方向上下偏差不应超过 3°。使用完毕后,需要将预置式扭力扳手的预设扭矩数值恢复到原位。

（2）扭力扳手为精密机械仪器,要轻拿轻放,不得碰撞或跌落地面。

（3）禁止使用扭矩扳手松开螺母和螺栓。

五、液压作动器

由于航空发动机的不同部件之间可能使用过盈配合,因此在组装或拆卸零件时需要施加相当大的推力或拉力。液压作动器可以将压缩油中的能量转换为机械能,可用作提供拆装所需的力。

液压作动器的组成如图 5-8 所示。按压手动泵施加压力,压缩油通过软管传输到液压筒,进而作用于发动机零部件。位于泵出口的压力表显示了传递到执行器的压力。

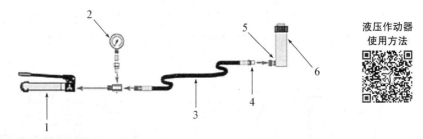

1—手动泵;2—压力表;3—软管;4,5—接头;6—执行器/作动筒。

图 5-8　液压作动器工作原理示意图

DGEN380 发动机拆装系统配备如图 5-9 所示的两个液压作动筒,位于工具车的顶部。两个作动筒的工作原理是一致的,其中,RCH123 作动筒前端连接面为圆形平面,与专用工具配合,适用于对零件施加压力,而 RC53 作动器前端带有螺纹,与专用工具配合,适用于对零件施加拉力。

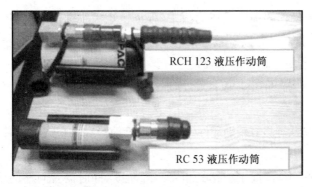

图 5-9　两种液压作动筒型号

图 5-10　液压作动器读数表

注意:不要超过操作手册或数字说明中指示的压力值,以免损坏工具或组件。加载操作完成后,需要使用手动压泵侧面的泄压阀释放压力,然后才可卸下用于执行该操作的附件。在下次使用液压作动器之前,必须重新关闭泄压阀门。

5.3　其他注意事项

5.3.1　动平衡标记

转子的平衡问题将直接影响全转速范围内的发动机振动,因此,改善转子的平衡状态对于减少转子运转时的支承作用力及发动机振动是非常有必要的。为了最大限度地减少转子上不平衡量,一般采用多步平衡的方法,即在转配过程中,各个组合件每组合一步进行一次平衡,如压气机、涡轮组装完毕后,各自进行单独平衡,然后压气机和涡轮组装后再次进行平衡,如图 5-11 所示。

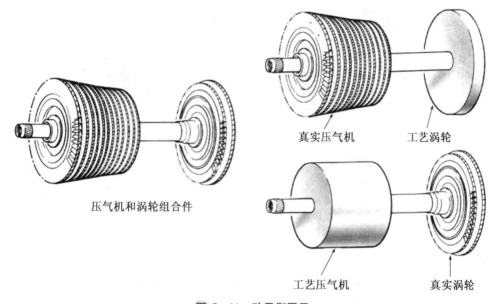

真实压气机　　工艺涡轮

压气机和涡轮组合件

工艺压气机　　真实涡轮

图 5-11　动平衡图示

在整个组件上达到平衡后,需要标识不同零件连接的正确周向位置,比如可以通过刻线的方式,如图 5-12 所示。在旋转部件的重新装配过程中,必须尽可能保证零件之间的正确周向安装位置,要按照标记进行正确角度的安装。

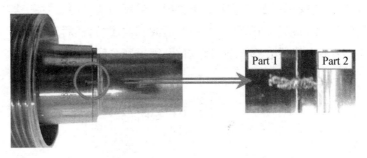

图 5-12　动平衡标记示意图

5.3.2　螺母和螺栓

DGEN380 发动机中绝大部分螺栓连接件使用的是内六角螺栓和双六角头螺栓（如图 5-31），对于不同的螺栓采用不同的套筒施加力矩，内六角螺栓一般采用梅花套筒，双六角螺栓一般采用小套筒。

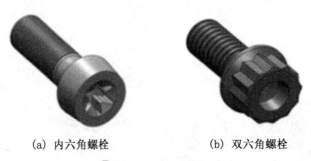

(a)　内六角螺栓　　　　　　(b)　双六角螺栓

图 5-13　螺栓的类型

在螺栓或螺母紧固的过程中，有以下两个方面需要注意。

(1) 拧紧力矩

当安装螺栓或螺母时，要注意施加适当的拧紧扭矩。该拧紧扭矩用于向螺钉施加张力，以使零件连接可靠，并抵消由冲击、振动、压力、热变化等引起的任何附加应力。拧紧扭矩以 N·m（牛顿·米）表示，组装/拆卸说明中所需的拧紧力矩均进行了说明。

注意：不要施加超过指示的拧紧扭矩值，否则存在工具或组件损坏的危险。

(2) 拧紧顺序

紧固顺序对于确保力在整个组件上的均匀分布至关重要。以图 5-14 为例，以下过程确定了螺栓的拧紧顺序，并适用于使用两个以上螺栓组装的组件。

① 稍微拧紧（大约是最终扭矩的 75%）一对沿直径方向相对的螺母或螺栓。

② 用同样的方式稍微拧紧其余的螺母和螺栓。

③ 按照相同的顺序拧紧扭矩。

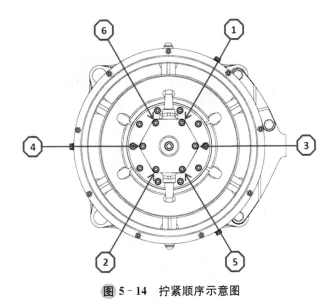

图 5 - 14　拧紧顺序示意图

5.3.3　软管的拆装

软管用于在控制机箱和发动机或发动机内部之间输送滑油或空气。在安装的时候,将软管插入接头(图 5 - 15)中,直到与接头的内部凸肩接触。在拆卸的时候,手动按下接头上的法兰边,同时向外用力拔出软管。分解下的软管及时安装堵头(图 5 - 16),防止异物入内。

在拆装滑油软管时,滑油会从软管中泄漏到地面或装配架上,因此请在装配架上安装专用托盘(图 5 - 17)。

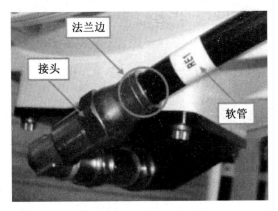

图 5 - 15　软管接头结构

图 5 - 16　软管堵头

图 5-17　托盘

5.3.4　其他注意事项

（1）分解下来的零件不能随意放置在工作台面上，务必及时存放于零件手推车的指定位置；严格按照指导动画及用户手册图示进行存放，这样可以有效避免零件的损伤以及在发动机装配过程中正确取用零件。

（2）养成通用工具、专用工具使用完毕后及时归位的好习惯，这对于正确取用工具开展发动机的拆装十分重要。

（3）工装组装、固定使用通用工具箱中的备用螺栓，不要使用 DGEN380 发动机上的螺栓紧固件。

第6章
外部管路的分解

本章将完成 DGEN380 发动机主体结构分解前的排油、外部管路及线路的分解，为进一步开展 DGEN380 发动机主体部分的分解做好准备。

6.1　外部管路简介

6.1.1　电气管路

DGEN380 发动机拆装系统为了实现发动机装配后的试车，发动机与台架之间设置了两根线路，实现发动机的试车启动控制和发动机试车状态监控。线路有两根，编号分别为：W-SEV10、W-SEV08，如图 6-1 所示，具体如下：

W-SEV10 线是起动发电机的连接线。它的一个端头连接于发动机的支架上，另一个端头为三相接头，安装于发动机顶部的电气盒接线口上，通过电气接线盒与航空发动机内部的起动发电机的线路相连接。

1—W-SEV10 接头；2—W-SEV08-P190 接头；3—W-SEV08-P22 接头；4—电气盒。

图 6-1　电气线路接头

W-SEV08 线为传感器的连接线,监测发动机保护罩安装情况及转子的转速。W-SEV08 线有 3 个接头,W-SEV08-P19-M 接头安装于发动机的支架上,W-SEV08-P22 接头位于保护罩后方,检测保护罩安装状态;W-SEV08-P190 接头安装于发动机顶部的电气盒上,与发动机内部的风扇转速传感器相连接。

6.1.2 滑油管路

DGEN380 发动机具有 3 个滑油腔,如图 6-2 所示,其中 N1-N4 号轴承、减速齿轮位于 E1 滑油腔,N5 轴承腔位于 E2 滑油腔,N6 轴承位于 E3 滑油腔。

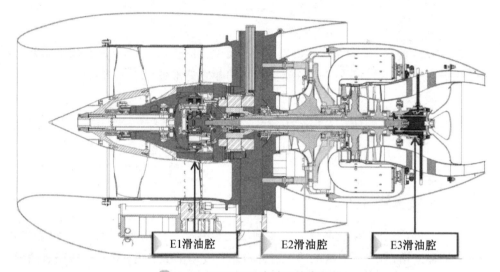

图 6-2　DGEN380 发动机的滑油腔

对应 3 个滑油腔,DGEN380 发动机设计对应的供油和回油管路。外部油路包括 1 根供油总管和 3 根回油管路,如图 6-3 所示。该发动机通过一根滑油总管供

1—通风总管;2—供油总管;3—E1 回油管路;4—通气软管;5—E2 回油管路;6—E3 回油管路。

图 6-3　滑油系统管路

油,如图6-4,之后通过一个凵形滑油管路和一个L形滑油管路分配给三个滑油腔。在三个滑油腔的最低位置设置了回油管路(图6-3(3)(5)(6))。

在主机匣的侧面布置有通气总管,通过发动机支架与控制柜内的滑油箱连通,同时,1号滑油腔和2号滑油腔之间通过通气软管(图6-3(4))联通,以平衡滑油箱及滑油腔的压力。

1—滑油供油总管;2—凵形供油管路;3—L形供油管路。

图6-4 滑油系统供油管路局部

微课堂

6.2 分解前的排油

DGEN380发动机试车时,滑油将通过滑油管路在发动机内的滑油腔和外部的滑油箱之间循环,试车结束后发动机及其滑油管道内还会存留大量的滑油。因此,每次在开始拆卸发动机之前,需要执行排空滑油的步骤,可以将滑油回收利用,避免在分解发动机的时候,大量滑油外漏污染环境。

排油程序让滑油从发动机抽出送入油箱中,油箱位于机柜底部的液压系统中。排油操作步骤如下:按下机柜顶部的"POWER"按钮,打开笔记本电脑中的SEV应用程序的用户界面,当SEV应用程序应显示"READY"之后,单击"DRAIN"按钮开始排油程序,等待十几秒后,抽油完毕,点击"QUIT"即可退出SEV应用程序。最后,关闭机柜顶部的电源。

注意:在开始组装或拆卸过程之前,请检查机柜顶部的电源按钮是否处于关机状态。机柜顶部的两个LED必须熄灭,如图6-6(b)所示。

图 6-5　SEV 应用程序界面

（a）电源LED灯亮　　　　（b）电源LED灯灭

图 6-6　电源 LED 灯状态

6.3　外部管路的分解

本节要完成外部两根线路及位于发动机顶部的电气接线盒分解，分解步骤如下：

（1）如图 6-7，将图示位置的接头按逆时针方向旋转即可完成 W-SEV08 线路的 3 个接头及 W-SEV10-P17 接头的分解，W-SEV08 线分解完毕。

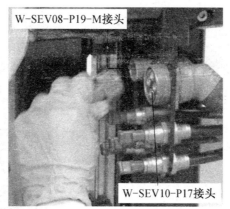

（a）W-SEV08-P19-M接头及W-SEV10-P17接头的分解

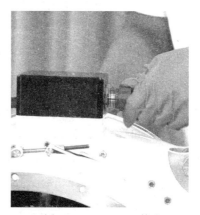

（b）W-SEV08-P22接头　　　　　　（c）W-SEV08-P190接头

图6-7　线路分解步骤1

（2）使用内六角扳手分解电气接线盒盖板后（图6-8），使用小棘轮扳手和套筒工具组合，松开W-SEV10线三相外接头的连接螺母（图6-9（a）），W-SEV10线完全分解完毕；随后松开在电气接线盒的内侧的三相接头螺母（图6-9（b））。

图6-8　分解电气接线盒盖板

(a) 起动发电机的外接头分解　　　(b) 起动发电机的内接头分解

图 6-9　起动发电机的三相内、外接头的分解

（3）随后采用一字起子松开 W19-P193 的连接螺丝（图 6-10），拔开连接接头，W19-P192 接头手动拔开，拔开接头请勿使用蛮力。

（4）随后即可将电气外盒从发动机顶部取下。取下的电气外盒、6 个螺母、盖板、螺栓组装在一起进行存储，以免零件丢失。

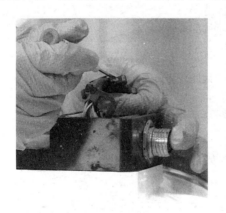 

图 6-10　分解 W19-P193 接头及 W19-P192 接头

6.4　防护罩及其分解

防护罩安装于 DGEN380 发动机前端面上，功能是防止发动机在试车或者存放期间异物进入发动机内部。在风扇机匣前端侧下方还装有防护罩传感器，作用是检测防护罩是否安装。防护罩的分解比较简单，使用棘轮扳手、延长杆、梅花套筒及扳

手工具组合,松开 16 个连接防护罩及风扇机匣的螺栓螺母,即可完成防护罩的分解,如图 6-11 所示。

图 6-11　分解防护罩连接螺栓螺母

6.5　滑油系统管路的分解

(1) 按照 5.3.3 节的软管拆装方法分解图 6-3 所示的滑油系统的软管,包括:通气总管、通气软管、1 根供油总管及 3 条回油管路。

(2) 使用活动扳手依次松开管路两端的螺母,即可分解下为 1、2 号滑油腔供油的 U 型滑油管路及 3 号滑油腔供油的 L 型滑油管路,如图 6-4 所示。

(3) T8 传感器为涡轮后燃气温度的传感器。通过双六角螺栓固定在排气机匣之上,使用棘轮扳手与小套筒工具组合,松开固定 T8 传感器的螺栓,即可完成 T8 传感器的分解,如图 6-12 所示。

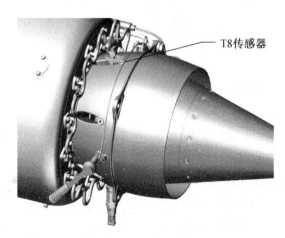

T8传感器

图 6-12　分解 T8 传感器

第7章
风扇单元的分解

DGEN380 发动机的风扇单元主要分为转子和静子两部分,如图 7-1 所示。本章将完成图 7-1 中风扇静子和风扇转子主要零件的分解。

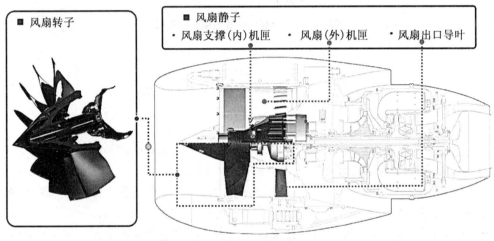

■ 风扇转子

■ 风扇静子
·风扇支撑(内)机匣　·风扇(外)机匣　·风扇出口导叶

图 7-1　DGEN380 风扇单元示意图

微课堂

7.1　风扇转子零件分解

整流锥与风扇叶盘结构的分解指导动画见"FAN"模块。具体操作如下。

(1) 整流锥的分解

如图 7-2 所示,采用内六角扳手松开固定整流锥的 4 个螺栓,即可取下整流锥。

(2) 风扇螺母的分解

使用风扇保持器固定风扇转子后,把风扇螺母扳手工装套在风扇轴螺帽上,确保风扇螺母扳手与风扇螺母两者的卡槽对准,使用 1/2 棘轮扳手,顺时针旋转松开风扇螺母,之后依次移除风扇螺母扳手、风扇螺母、风扇保持器,完成风扇螺母的分解。

图 7 - 2　整流锥分解

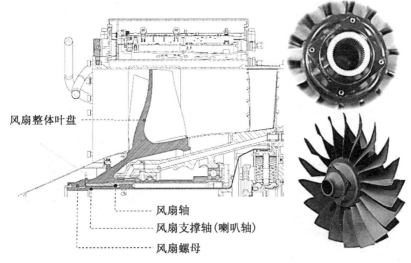

图 7 - 3　风扇整体叶盘结构

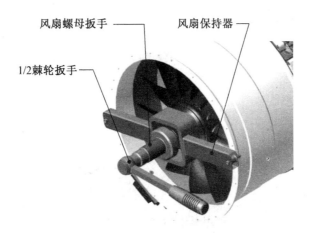

图 7 - 4　风扇轴端螺母分解

(3) 风扇整体叶盘的分离

风扇盘与风扇轴采用紧配合连接,因此需要使用液压作动器分离风扇与风扇轴。如图 7-5 所示,依次安装风扇轴端堵头,风扇拔出工装,并保证工装的钩爪钩住风扇轴端凸边结构。完全压下风扇拔出工装的套筒后,安装 RC53 液压作动筒,并施加不高于 150 bar 的液压,使风扇叶盘脱离风扇轴。移除液压作动筒后,连同风扇拔出工装一起拔出风扇。在这个过程中注意防止碰伤叶片。将分离下的风扇叶盘及风扇拔出工装放置在平整的操作台面上,取下风扇拔出工装后保存风扇叶盘。

(a) 安装风扇轴端堵头

(b) 安装风扇拔出工装

(c) 安装RC53液压作动筒

(d) 施加液压拔出风扇叶盘

(e) 从整体风扇叶盘上移除工装

图 7-5 分解整体风扇叶盘

微课堂

7.2 风扇静子主要结构的分解

风扇静子主要包括:风扇出口导叶、风扇支撑机匣、风扇机匣。风扇静子件的分解指导动画见"OGVS MAIN COLLAR"模块,具体步骤如下。

(1) 分解风扇导叶内环

如图 7-6,使用棘轮扳手、延长杆和套筒组合,松开紧固螺栓,即可分解风扇导叶内环。

(a) 分解螺栓

(b) 取下风扇导叶内环

图 7-6 分解风扇导叶内环

(2) 分解风扇出口导叶

使用两用扳手松开如图 7-7(a)所示长螺栓,取下金属环(图 7-7(b)),移开橡皮圈(图 7-7(c)),可以看到风扇出口导叶外缘板,从流道内或外取下风扇出口导叶。

(a) 分解长螺栓

(b) 取下金属环

(c) 移开橡胶圈后的风扇出口导叶示意图

图 7-7　风扇导叶分解

(3) 分解风扇机匣

如图 7-8,使用两用扳手固定螺母,使用棘轮扳手、延长杆和套筒组合,分解 23 个主机匣的安装边上连接螺栓和螺母,即可分解风扇机匣。分解下的螺栓和螺母配对组合在一起存放。

(a) 分解连接螺栓　　　　　　　　　(b) 取下风扇机匣

图 7-8　分解风扇机匣

7.3　风扇支撑机匣组件的分解

7.3.1　风扇支撑机匣组件的整体分解

风扇支撑机匣组件的整体分解指导动画见"SUPPORT FAN"模块,具体步骤如下。

(1) 分解低压转速传感器

低压转速传感器一端的接口可直接手动拔出,另一端需使用棘轮扳手配合套筒松开螺栓,之后即可移除低压转速传感器,如图 7-9 所示。

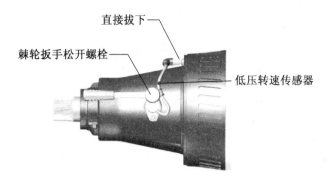

直接拔下

棘轮扳手松开螺栓

低压转速传感器

图 7-9 分解低压转速传感器

（2）分解风扇支承机匣连接螺栓

如图 7-10(a),使用专用线路扳手和两用扳手的开口端松开固定传感器线路的螺母;如图 7-10(b),使用棘轮扳手、延长杆与梅花头套筒组合,松开连接风扇支撑机匣和主机匣的 16 个螺栓;如图 7-10(c),移除风扇支撑机匣组件;如图 7-10(d),移除风扇支撑机匣与主机匣之间的密封圈。

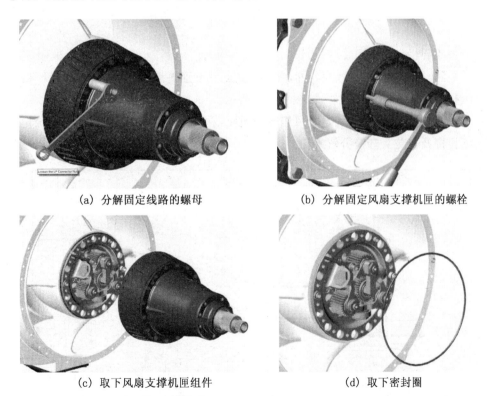

(a) 分解固定线路的螺母　　(b) 分解固定风扇支撑机匣的螺栓

(c) 取下风扇支撑机匣组件　　(d) 取下密封圈

图 7-10 分解风扇支撑机匣

7.3.2 风扇支撑机匣组件的分解

风扇支撑机匣组件的分解指导动画见"SUPPORT FAN CASING"模块,该模块的分解相对独立,建议参考指导动画的顺序,在整机完成分解之后对该模块进行分解,其具体步骤如下:

(1) 分解喇叭轴及中央油气分离器

如图 7-11,将喇叭轴从风扇支撑机匣组件直接轻轻拔出;将喇叭轴上的中央油气分离器沿轴向滑出,注意保存中央油气分离器端面的密封圈。

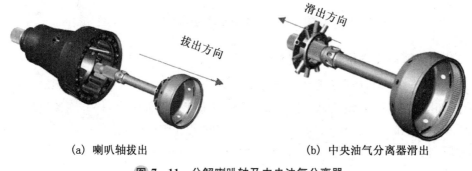

(a) 喇叭轴拔出　　　　　　　(b) 中央油气分离器滑出

图 7-11　分解喇叭轴及中央油气分离器

(2) 分解封严装置

为了防止 E1 滑油腔滑油泄漏,在 N1 支点前设置篦齿封严环,篦齿封严环与耐磨环配合,形成非接触式封严,如图 7-12 所示。

耐磨环通过 6 个螺栓固定于风扇支撑机匣前端,如图 7-13(a)所示,使用棘轮扳手、延长杆及梅花头套筒分解螺栓。

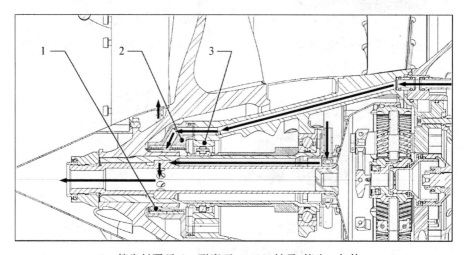

1—篦齿封严环;2—耐磨环;3—N1 轴承;箭头—气体。

图 7-12　E1 滑油腔前封严

随后如图 7 - 13(b)～(d)所示,安装风扇轴端堵头、塞入并旋紧 N1 轴承篦齿环拔出工装,使用 RC53 液压作动筒,施加不超过 70 bar 的液压,可将篦齿封严环及篦齿封严支承座整体拔出。释放液压,拆除液压作动筒及拔出工装后,可进一步将篦齿封严环与耐磨环分离。

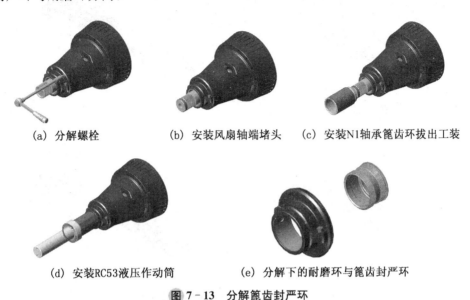

(a) 分解螺栓　　　　(b) 安装风扇轴端堵头　　(c) 安装N1轴承篦齿环拔出工装

(d) 安装RC53液压作动筒　　　　(e) 分解下的耐磨环与篦齿封严环

图 7 - 13　分解篦齿封严环

(3) 分解风扇支撑机匣

风扇轴组件通过 3 个螺栓固定于风扇支撑机匣。如图 7 - 14,使用棘轮扳手、延长杆与梅花头套筒工具组合将 3 个螺栓逐一移除后,可将风扇轴组件从风扇支撑机匣中向后抽出;风扇支撑机匣上有滑油导管及挡片,可拆卸固定螺栓后将其移除。

风扇支撑机匣分解完毕。

(a) 分解风扇轴组件的固定螺栓　　　　　　(b) 分解滑油导管

图 7 - 14　分解风扇支撑机匣

(4) 分解 N1 滚棒轴承和定距衬套

如图 7 - 15,首先安装风扇轴端堵头,然后安装 N1 轴承拔出工装,保证其钩爪嵌入轴承内环沟槽内,下压拔出工装外圈的套筒使钩爪收紧,接着安装 RC53 液压作动筒,施加不超过 200 bar 的载荷,可将 N1 滚棒轴承拔出。释放液压,拆除液压作动筒及拔出工装后,可以得到分离的 N1 滚棒轴承,保留风扇轴端堵头,手动移除定距衬套。

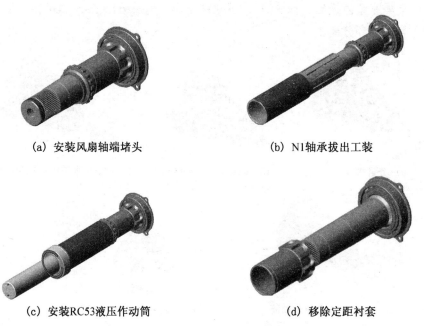

(a) 安装风扇轴端堵头   (b) N1轴承拔出工装

(c) 安装RC53液压作动筒   (d) 移除定距衬套

图 7-15 分解 N1 滚棒轴承和定距衬套

(5) 分解 N2 止推轴承及风扇轴

如图 7-16,首先将拉杆工装穿过风扇轴,顺时针旋转固定在风扇轴端的堵头上,N2 轴承分解工装穿过拉杆,推至与 N2 止推轴承内环法兰边接触。

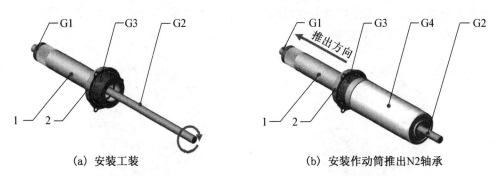

(a) 安装工装   (b) 安装作动筒推出N2轴承

1—风扇轴;2—N2 轴承;G1—风扇轴端堵头;G2—拉杆;G3—N2 轴承分解工装;
G4—RCH123 液压作动筒。

图 7-16 分解 N2 止推轴承

安装 RCH123 液压作动筒,并在拉杆上安装 M16 螺帽,施加不超过 100 bar 的液压,可将 N2 止推轴承整体向前推出,分解得到 N2 止推轴承。

释放液压,拆除液压作动筒及所有工装后,得到风扇轴。

第8章
排气单元与低压转子的分解

本章主要针对图 8-1 所示的排气单元、燃油管路、减速齿轮及低压转子进行分解。

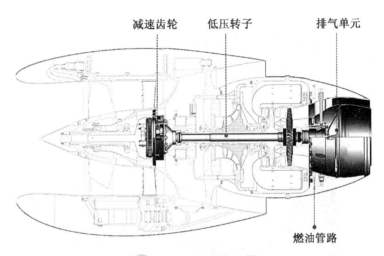

图 8-1 主要分解位置

8.1 燃油管路分解

燃油管路的分解指导动画见"FUEL SYSTEM EXHAUST CONE"模块,此单元将分解排气锥和燃油系统。

(1) 分解排气锥

如图 8-2,使用棘轮扳手和梅花头套筒,拆除固定排气锥的 12 个螺栓后,即可移除排气锥。

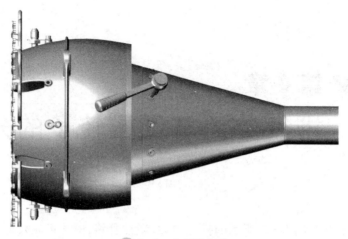

图 8‑2　分解排气锥

(2) 分解燃油管

如图 8‑3,逆时针旋转装配架侧面的手柄,将发动机调整至竖直状态;使用扳手松开连接叉形管的两个螺母后,即可将叉形管分解下后存放至零件柜;使用棘轮扳手依次拆除燃油圈支座上的 26 个螺栓后,移除燃油圈,取下燃油喷嘴位置下的封严片。

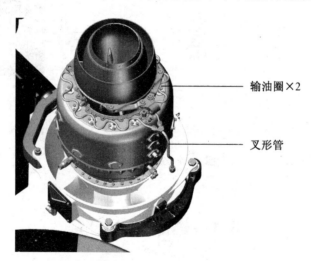

输油圈×2

叉形管

图 8‑3　输油管路

(3) 分解起动喷嘴和预热塞

如图 8‑4,使用棘轮扳手及小套筒组合,依次拆除预热塞、起动喷嘴上的两个安装螺栓,移除起动喷嘴和预热塞,取下封严片。

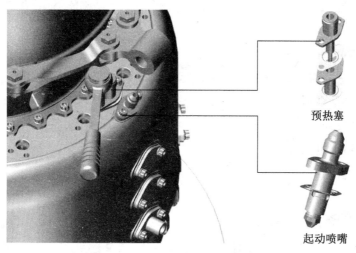

预热塞

起动喷嘴

图 8 - 4　起动喷嘴和预热塞的分解

微 课 堂

8.2　排气单元的分解

本节将完成排气单元的整体分解，分解指导动画见"EXHAUST CASING"模块。排气机匣单元与燃烧室机匣通过法兰边上的螺栓进行连接，在同一安装平面上，高压涡轮环通过 3 个螺栓固定（图 8 - 5 中箭头所示）在燃烧室机匣上，此步骤只需拆除连接排气机匣单元与燃烧室单元的连接螺栓，高压涡轮环连接螺栓此步骤不要分解。

使用两用扳手的梅花端松开连接排气机匣的 26 个螺栓后向上拔出排气机匣单元，在此过程中应小心保持排气机匣的中心位置尽量不要左右偏移，以免损伤安装于排气机匣中的 N6 轴承。

图 8 - 5　高压涡轮环固定螺栓示意

分解下来的排气单元需要进一步分解。分解指导动画见"EXHAUST NOZZLE

CASING"模块,该模块的分解相对独立,建议参考指导动画的顺序,在整机完成分解之后对该模块进行分解,其具体步骤如下。

(1) 分解滑油进油导管

如图8-6,使用棘轮扳手及套筒组合,分解固定锁片的螺栓后,拆除进回油导管的锁片。使用活动扳手逆时针旋转拧松滑油导管(E3 Housing Connector)后,取下滑油导管,注意保存导管下端的封严圈。

(2) 分解滑油回油导管

重复步骤(1),完成滑油回油导管的分解。

(a) 分解滑油管路的固定螺栓　　　　(b) 分解滑油管路

图 8-6　滑油导管分解

(3) 分解 N6 轴承外环及其支座整体组件

N6 轴承外环及其支座整体组件通过 10 个螺栓固定于排气机匣内锥体的法兰边上,棘轮扳手、100 mm 棘轮扳手延长杆、150 mm 延伸杆及套筒工具组合,将 10 个螺栓逐一拆除后,可分离出 N6 轴承外环及其支座整体组件,如图 8-7 所示。

图 8-7　分解 N6 轴承外环及其支座整体组件

(4) 分解 N6 轴承外环及其支座组件

使用扳手、棘轮扳手和套筒组合，松开如图 8 - 8(a)所示位置的螺栓，即可分解图 8 - 8(b)的耐磨环及密封圈；使用棘轮扳手和套筒组合，松开图 8 - 8(c)所示位置的螺栓，打开后端盖，依次取出 N6 轴承的鼠笼式弹性支承的轴承外环、两个密封圈，具体零件参见图 2 - 17。

(b) 分解耐磨环固定螺栓　　　(b) 分解耐磨环及密封圈　　　(c) 分解端盖固定螺栓

图 8 - 8　分解 N6 轴承外环及其支座组件

8.3　减速齿轮的分解

减速齿轮的分解指导动画见"GEARBOX"模块。经过 8.2 节的分解，低压转子后支点的 N6 轴承外环已经拆除，为了保护 N6 轴承的滚子、便于减速齿轮的分解，将在限制低压转子转动自由度的条件下完成行星齿轮组件、齿轮箱、太阳轮及 BOGEY1 零件的分解。

(1) 限制低压转子转动

如图 8 - 9(a)所示，将低压转子保持器卡在低压轴端，使用通用工具中的四个螺栓将低压转子保持器固定在燃烧室机匣后端面上，固定完毕后，逆时针旋转装配架侧面的手柄将发动机旋转 180 度，调整发动机为垂直姿态，进气端向上。

(2) 分解行星齿轮及其行星保持架

如图 8 - 9(b)～(d)所示，使用 1/2″棘轮扳手、延长杆及大套筒拆除 3 个固定行星齿轮架的螺栓，随后将 3 个行星齿轮及其支架组件整体移除。将 3 个行星齿轮轴的滑油导管拆除并存放至零件柜，注意保留滑油导管上的封严圈。

低压转子保持器 ——

(a) 固定低压转子保持器

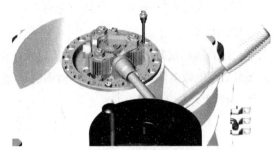

(b) 分解行星架固定螺栓

(c) 拆除行星齿轮及其支架组件

滑油导管×3

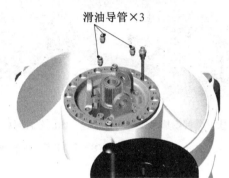

(d) 拆除滑油导管

图 8-9　分解行星齿轮及其行星保持架

(3) 分解齿轮箱

如图 8-10,使用棘轮扳手、延长杆及梅花头套筒,分解固定齿轮箱的 6 个螺栓后,即可取下齿轮箱,从齿轮箱上取下 HE1 滑油导管,注意滑油导管两个封严圈不要遗失。

(a) 分解齿轮箱固定螺栓

(b) 取下齿轮箱

图 8-10　分解齿轮箱

(4) 分解太阳轮

使用一字起将太阳轮上部的弹性卡圈移出,将太阳轮向下按压后拆除两个半环形卡环,然后可取下太阳轮。

(a) 移出弹性卡圈　　　　　　　　　(b) 下压太阳轮取下卡环

图 8‑11　分解太阳轮

(5) 分解 BOGEY1

BOGEY1 和 BOGEY2 通过弹性卡圈限制轴向位移。使用一字起将图 8‑12(a)
所示位置的大弹性卡圈移出后,即可取下 BOGEY1 零件。

(a) 移出大弹性卡圈　　　　　　　　(b) 取下BOGEY1零件

图 8‑12　分解 BOGEY1

(6) 分解导管及线路

如图 8‑13,移除并存放高压气流导管 AE1、滑油导管 HE1 及低压转速传感器
线缆,注意滑油导管两端的封严圈,勿要遗失。

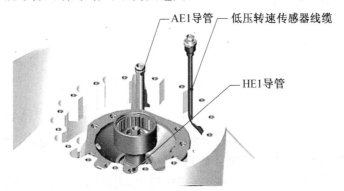

图 8‑13　分解导管及线路

微课堂

8.4 低压转子的组成与分解

8.4.1 低压转子的组成

低压转子是 DGEN380 发动机低压涡轮转子的简称,如图 8-14 所示,它是 DGEN380 发动机三个转子中跨度最大、轴径最小的一个转子。其结构立体分解如图 8-15 所示。

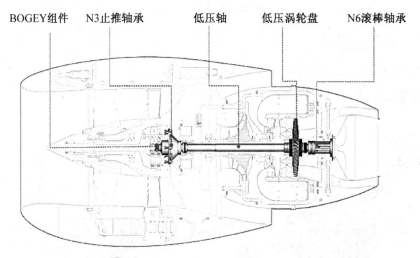

图 8-14 低压转子在发动机中的位置

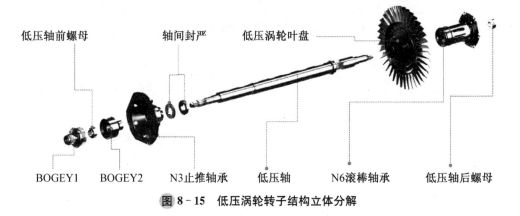

图 8-15 低压涡轮转子结构立体分解

BOGEY 2 零件通过套齿与低压轴连接,后端与 N3 止推轴承内环抵紧,前端通过低压轴前螺母压紧。通过小直径端的内套齿从低压轴上接受低压涡轮的扭矩,通过大直径端的内套齿将扭矩传递至 BOGEY1。

N3 止推轴承外环通过螺栓固定在齿轮箱上,内环通过过盈配合安装在低压轴上。为防止 N3 止推轴承的滑油在高低压轴间泄漏,DGEN380 发动机采用了 ISS(Inter Spool Seal)轴间封严组件。

低压涡轮整体叶盘与低压轴为过盈配合,低压盘心的内套齿与低压轴的外套齿传递扭矩,轴上设计凸台,实现端面定位。

N6 滚棒轴承的内外环可分解,外环通过螺栓安装在排气机匣上,已经随着排气机匣单元的分解移除。内环与低压轴过盈配合,轴承内环前端面与低压涡轮盘抵紧,实现端面定位,后端面通过低压轴后螺母锁紧轴向位置。

8.4.2　低压转子的整体分解

N3 止推轴承分解后,低压转子则失去轴向限制,低压轴及安装在低压轴上的低压涡轮盘、N6 滚棒轴承内环及低压轴后螺母即可整体从发动机上移出。

本节将对低压转子进行分解,分解得到:低压轴前螺母、BOGEY2、N3 止推轴承以及低压涡轮盘、轴整体结构,含:N6 滚棒轴承内环、后螺母。低压涡轮盘轴整体将会在发动机整体分解完毕后,再进行进一步的分解。本节的分解指导动画见"BOGEY2"及"LP DISASSEMBLY"模块。

(1) 分解低压轴前大螺母和 BOGEY2

如图 8-16,使用 9 mm 套筒、100 mm 延长杆、18 mm 两用扳手、低压螺母扳手和棘轮扳手工具组合分解低压轴前螺母。其中,9 mm 套筒和低压轴前端连接,低压螺

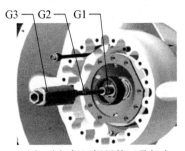

(a) 分解低压螺母的工具组合

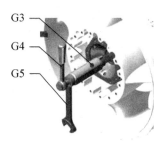

(b) 拧松低压螺母

(c) 移出低压大螺母

(d) 移出BOGEY2

G1—9 mm 套筒;G2—100 mm 延长杆;G3—低压螺母扳手;G4—棘轮扳手;G5—18 mm 两用扳手。

图 8-16　分解低压轴前螺母和 BOGEY2

母扳手的两齿与低压轴前螺母的两个槽口配合,两用扳手的梅花端套在低压螺母扳手上。一只手握紧棘轮扳手,另一只手沿逆时针方向两用扳动扳手,直至螺母松动后,依次移出螺母和 BOGEY2。

(2) 分解 N3 轴承

如图 8 - 17,首先把 N3 - N6 轴承拔出工装的钩爪扣在 N3 轴承内环前端面的环槽上,把工装的卡圈推到钩爪的顶端,收紧钩爪扣紧轴承内环的环槽,在工装的中间插入金属棒,连接 RC53 液压作动筒,施加不大于 100 bar 的液压拔出轴承,随后释放压力,卸下液压作动筒,取下所有工装,分解得到 N3 轴承。

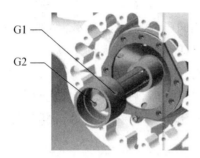

(a) 安装N3-N6轴承拔出工装及金属棒   (b) 安装液压作动筒

G1—N3 - N6 轴承拔出工装;G2—金属棒。

图 8 - 17　分解 N3 轴承

(3) 分解低压涡轮转子整体

N3 轴承为止推轴承,N3 轴承分解后低压转子失去轴向约束,拆除低压转子保持器后即可分解低压转子。

如图 8 - 18,使用棘轮扳手及套筒组合拆卸下低压转子保持器;随后两名操作者配合,一名操作者从发动机后端抽出低压涡轮转子整体,另一名操作者从进气端取下ISS 组件,包括:环、垫片(spacer)和滚道。

(a)拆除低压转子保持器   (b)抽出低压涡轮转子

<table>
</table>

(c) 取下ISS组件	(d) 取出低压涡轮导向器

图 8-18　分解低压涡轮转子整体

(4) 分解低压涡轮导向器

从发动机的后端取下低压涡轮导向器。随后使用通用工具中的 5 个螺栓将高压转子的伞状保持器(图 8-19)安装在后端面,注意保持器前端的齿与高压涡轮轴后端的槽对齐。保持器的作用是限制高压转子的轴向移动与周向转动。

(a) 安装伞状保持器	(b) 保持器与高压轴端的配合示意图

图 8-19　安装高压转子保持器

8.4.3　低压转子的分解

低压涡轮转子的分解指导动画见"LP LINE"模块,该模块的分解相对独立,建议参考指导动画的顺序,在整机完成分解之后对该模块进行分解,其具体步骤如下。

(1) 分解低压轴后螺母

低压涡轮轴端为六边形,如图 8-20(a),9 mm 套筒安装在低压涡轮轴端,后面连接 100 mm 延长杆;如图 8-20(b),低压螺母扳手与低压轴后螺母连接,注意齿槽配合;18 mm 两用扳手的梅花端与低压螺母扳手连接,1/4 棘轮扳手与延长杆连接。组装工具完成后,一只手控制两用扳手,另一只手沿逆时针方向转动棘轮扳手,使低压轴后螺母松脱。拆除工装后,可沿顺时针方向手动拧下低压轴后螺母。注意此处为左旋螺纹。

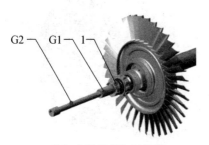 

(a) 安装套筒与延长杆　　　　　(b) 分解低压轴后螺母

1—低压轴后螺母；G1—9 mm 套筒；G2—100 mm 延长杆；G3—棘轮扳手；G4—18 mm 两用扳手；
G5—低压螺母扳手。

图 8‑20　分解低压轴后螺母

(2) 分解 N6 轴承内环

如图 8‑21，安装 N3‑N6 轴承拔出工装，使其钩爪嵌入 N6 轴承内环的卡槽，把工装的卡圈推到钩爪的前端，收紧钩爪扣住轴承内环的卡槽，然后插入金属棒工装直至与低压轴端面接触。安装 RC53 液压作动器，施加不超过 150 bar 的载荷，可将 N6 轴承内环从低压轴上拔出。

(a) 安装N3-N6轴承拔出工装　　　(b) 安装RC53液压作动器

1—N6 轴承内环；G1—N3‑N6 轴承拔出工装；G2—金属棒。

图 8‑21　分解 N6 轴承内环

(3) 分解低压涡轮叶盘

如图 8‑22，首先安装低压涡轮拔出工装，使其钩爪嵌入低压涡轮盘后端面的环槽。在拔出工装后端连接 RC53 液压作动器，施加不超过 150 bar 的载荷，将低压涡轮叶盘缓缓拔出，与低压轴分离。

（a）安装低压涡轮拔出工装　　　　（b）安装RC53液压作动筒拔出低压涡轮叶盘

图 8 - 22　分解低压涡轮叶盘

第9章
高压转子的分解

DGEN380发动机的高压转子系统如图9-1所示,主要包括:高压涡轮盘轴整体、N5滚棒轴承、离心压气机叶轮、N4止推轴承、起动发电机转子。本章将针对DGEN380发动机的高压转子进行结构分解。

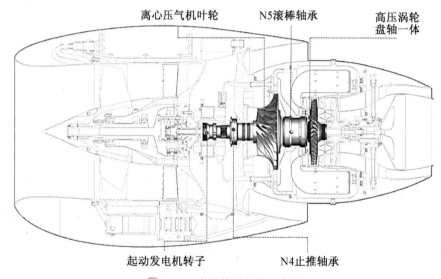

离心压气机叶轮　　　　N5滚棒轴承　　　　高压涡轮盘轴一体

起动发电机转子　　　　　N4止推轴承

图 9-1　高压转子结构示意图

微课堂

9.1　高压转子的组成

高压转子结构如图9-2所示。高压涡轮盘及轴为整体结构,N5滚棒轴承、离心压气机叶轮、N4止推轴承、起动发电机转子均安装于高压涡轮轴。

DGEN380高压涡轮采用了单级盘式转子结构,其涡轮叶片与轮盘、轴为一体化设计。N5滚棒轴承安装于涡轮叶盘前方,可分解为内环和外环结构,N5轴承外环通过螺栓固定在扩压器机匣上,N5轴承内环与高压轴过盈配合,通过高压轴上的台阶面轴向定位。为了防止 N5 轴承所在的 E2 滑油腔中滑油泄漏,在 N5 轴承腔的前后均设计有石墨封严装置。

离心式叶轮与高压轴为过盈配合,叶轮后端面与 N5 轴承内环的前端面抵紧,确定叶轮的轴向位置。离心叶轮内径处的内套齿与高压轴的外套齿啮合,传递扭矩。

N4 止推轴承外环通过螺栓固定在主机匣之上,内环与高压涡轮轴过盈配合,通过离心叶轮短轴的前端面抵紧确定其轴向位置。

起动发电机转子安装在 N4 止推轴承前方,其后端面与 N4 轴承的内环抵紧确定其轴向位置,起动发电机转子与高压轴之间通过套齿传递扭矩。

在起动发电机转子前方安装有高压轴螺母,高压轴螺母是传递轴向力、保证转子的连接可靠的重要零件。安装时,需要使用液压作动筒施加一定的轴向压紧力,将高压轴上的起动发电机转子、两个轴承和离心叶轮压紧后,进行高压轴螺母的紧固,以达到连接所需的预紧力。

在高压轴的最前端,安装有 ISS 滚道环、锥形螺纹环。ISS 滚道环为轴间封严的石墨环组件提供外滚道。锥形螺纹环通过外螺纹与起动电动机的转子连接,起到轴向固定 ISS 封严滚道的作用。

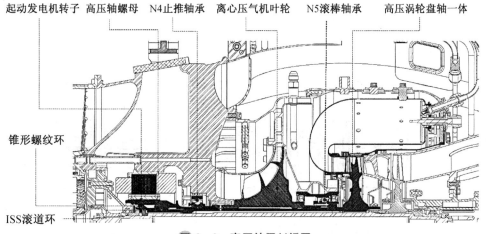

图 9-2　高压转子剖视图

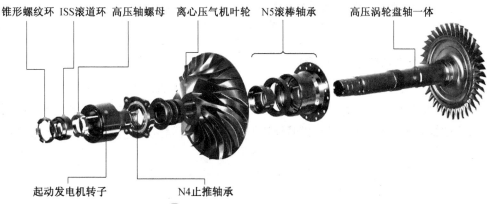

图 9-3　高压转子立体分解图

先进齿轮传动涡扇发动机结构分析与拆装

DGEN380采用了起动发电机一体化设计。起动发电机(SG)分为定子和转子，定子为线圈，固定在主机匣上。起动发电机的转子本质上是电磁铁，安装在高压转子的前端。在发动机工作期间，高压转子驱动起动发电机的转子，将机械能转化为电能，为发动机控制系统以及燃油、滑油系统提供动力。在发动机起动过程中，定子的线圈通电后产生旋转磁场并作用于转子形成磁电动力旋转扭矩，通过SG转子的内套齿和高压轴的外套齿啮合，在起动过程中将扭矩传递给高压轴，即在起动过程中，该部件将电能转化为机械能，并向高压涡轮轴传输起动扭矩，驱动高压转子到一定转速后喷入燃油点火，使发动机进入稳定工作状态。

9.2 高压轴螺母的分解

根据9.1节内容可知，高压轴螺母是保证高压转子连接可靠的重要零件。为保证连接可靠，该高压轴螺母承受了较大的预紧力。本节的主要目的是分解高压轴螺母，其分解指导动画见"HP SHAFT NUT"模块。

见图9-4，高压轴螺母的前端安装有锥形螺纹环、ISS滚道，本节将依次分解锥形螺纹环、ISS滚道、高压轴螺母。

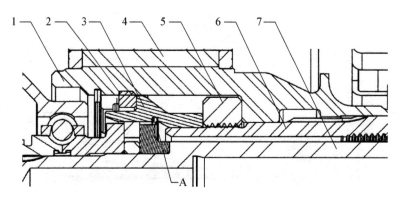

1—SG转子；2—锥形螺纹环；3—ISS滚道；4—SG定子；5—高压轴螺母；6—高压涡轮轴；7—低压涡轮轴；A—ISS滚道工装环槽位置。

图9-4 高压轴前部结构剖视图

(1) 分解锥形螺纹环(CTR)

为了方便装拆，锥形螺纹环在前端面上采用了槽口的设计(图9-5(c))，与CTR扳手工装配合方便施加力矩。如图9-5(a)～(b)，CTR扳手套在锥形螺纹环的槽口上，使用棘轮扳手与套筒组合，逆时针松开锥形螺纹环，移除所有工具后，取下锥形螺纹环。

(a) 安装CTR扳手工装　　　　(b) 分解锥形螺纹环　　　　(c) 锥形螺纹环

图 9-5　锥形螺纹环的分解

(2) 分解 ISS 滚道

ISS 滚道为轴间封严(ISS)的石墨环组件提供外滚道,ISS 滚道在内径设计了环形槽(图 9-4 的 A 处),与图 9-6(a)工装的钩爪配合,便于零件的分解。在 ISS 滚道中心孔处插入 ISS 滚道的拔出工装,确保拔出器的钩爪位于 ISS 滚道环槽位置,顺时针旋转工装顶部的螺栓,撑开钩爪、钩住 ISS 滚道环槽。两用扳手、棘轮扳手及套筒如图 9-6(b)安装后,两用扳手固定不动,棘轮扳手顺时针旋转,即可拔出 ISS 滚道。拆下工具后,逆时针旋转 ISS 拔出工装的头部螺栓,即可松开钩爪,从工装上取下 ISS 滚道。

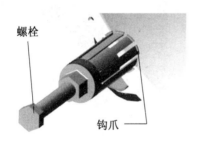

(a) ISS滚道的拔出工装　　　　　　　(b) 分解ISS滚道

图 9-6　ISS 滚道的分解

(3) 分解高压轴螺母

为方便分解,高压轴螺母的外缘设计了凹槽,与高压轴扳手工装的凸齿相配合,以便于施加装拆的扭矩。分解方法如图 9-7 所示,具体步骤如下。

拉杆工装从高压涡轮轴的后端向前插入,逆时针方向拧紧拉杆。从进气方向,沿着拉杆,依次装入高压轴扳手、起动发电机(SG)隔套工装、RCH123 液压作动器,拉杆工装的末端上拧入 M16 螺母。在安装以上工装的过程中需注意:

① 高压轴扳手与高压轴螺母的齿槽对齐;

② RCH123 液压作动器的前端面抵紧 SG 隔套工装;

③ M16 大螺母不能接触液压作动筒,应与液压作动筒之间留约 1 cm 间距。

工装安装完毕后施加 290 bar 的压力,保持压力,将拨杆通过隔套工装的窗口插入高压轴扳手的小圆孔,逆时针拨动高压轴扳手,松开高压轴螺母。

高压轴螺母松开后,释放液压作动器的压力,从高压轴拉杆上依次取下其他工装,取下高压轴螺母,随后取下高压轴拉杆工装,完成高压轴螺母的分解。

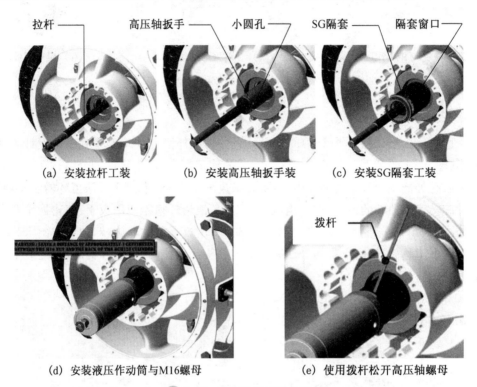

(a) 安装拉杆工装　　(b) 安装高压轴扳手装　　(c) 安装SG隔套工装

(d) 安装液压作动筒与M16螺母　　(e) 使用拨杆松开高压轴螺母

图 9-7　高压轴螺母的分解

值得注意的是,高压轴螺母是 DGEN380 发动机唯一在保持液压作动器压力情况下进行分解的零件。高压轴螺母的作用是轴向压紧高压轴上的起动发电机转子、止推轴承、离心叶轮等各零件。为了保证高压轴上各零件轴向压紧,需要较大的预紧力。为了达到所需的预紧力,在安装的时候,使用液压作动器在起动电动机的转子端面上施加一定压力,将高压轴上各零件后推抵紧,在保持压力的情况下,拧上高压轴螺母,随后释放压力,从而实现所需的预紧力。在分解的时候,由于预紧力较大,同样需要在起动电动机转子的端面施加压力,压力略大于安装时压力,将高压轴上各零件向后推,减小高压轴螺母端面摩擦力,从而实现手动松开高压轴螺母。高压轴螺母安装分解示意如图 9-8 所示。

由此可见,高压轴的预紧力或高压轴螺母的拧紧力矩是由液压作动筒施加在高压轴端的压力所决定。

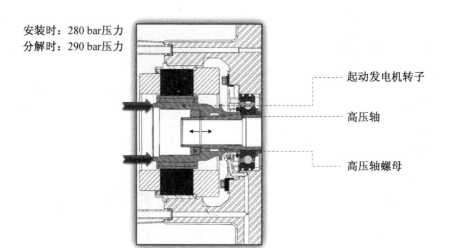

安装时：280 bar压力
分解时：290 bar压力

起动发电机转子

高压轴

高压轴螺母

图 9－8　高压轴螺母安装分解示意

微课堂

9.3　起动发电机组件的分解

　　起动发电机在发动机起动和正常运转状态分别作为起动和发电的作用,这种一体化设计的起动发电机结构较为简单,主要包括转子和定子两个零件。起动发电机的转子与高压轴之间通过套齿传递扭矩,采用高压轴螺母轴向固定,而定子则使用周向 4 个螺栓固定于主机匣。

　　9.2 节中高压轴螺母分解后,可以依次分解起动发电机的转子及定子,其分解指导动画见"STATOR ROTOR"模块。

　　(1) 分解 SG 转子

　　如图 9－9,首先在高压轴上塞入高压轴堵头。SG 转子设计有内螺纹,RC53 液压作动筒通过螺纹固定在 SG 转子上,施加不超过 250 bar 的液压载荷,拔出 SG 转子,之后拆卸液压作动筒和高压轴堵头。

(a) 安装高压轴堵头

(b) 使用RC53作动筒拔出SG转子

图 9－9　分解 SG 转子

（2）分解 SG 定子

如图 9-10，使用棘轮扳手、延长杆、小套筒松开连接 SG 定子和主机匣的 4 个螺栓，即可取下 SG 定子。

（a）分解SG定子的固定螺栓　　　　（b）移出SG定子

图 9-10　分解 SG 定子

微课堂

9.4　N4 轴承的分解

N4 轴承为带弹性支承的止推轴承，它位于离心式压气机前，是高压转子的前支点。轴承外环通过 8 个螺栓固定于主机匣，其中 2 个螺栓将 N4 滑油喷嘴固定于轴承外环与主机匣之上。轴承内环后端面与离心叶轮前轴颈抵紧，实现轴面定位，轴承内环与高压轴在圆柱面上过盈配合。为了方便分解，在轴承内环前端面上设计了环槽结构，与带钩爪的工装结合 RC53 液压作动筒配合，便于拔出轴承。N4 轴承采用环下供油，N4 滑油喷嘴将滑油喷射到 N4 号轴承的环下，通过分半式内环的缝隙甩到滚珠上。

本节将完成 N4 轴承的分解，依次可以分解得到 N4 滑油喷嘴和 N4 轴承，其分解指导动画见"N4 BEARING"模块。

（1）分解 N4 滑油喷嘴

如图 9-11（a）所示，使用棘轮扳手、延长杆和小套筒组合拆除固定 N4 轴承滑油喷嘴的 2 个螺栓，即可取下 N4 轴承滑油喷嘴，注意滑油喷嘴的密封圈不要脱落遗失。

（2）分解 N4 轴承

首先，使用棘轮扳手、延长杆和小套筒组合拆除固定 N4 轴承外环的剩余 6 个螺栓。

接下来，如图 9-11（b）～（c）所示，在高压轴前端安装高压轴堵头，安装 N4 轴承拔出工装，使其钩爪嵌入 N4 轴承外环的环槽中，然后按压钩爪外的套筒直至底部收紧钩爪。

　　最后,如图 9 - 11(d)所示,安装 RC53 液压作动筒,施加不超过 200 bar 的液压,将 N4 止推轴承整体拔出。释放液压,拆除 RC53 作动筒及拔出工装,完成 N4 止推轴承的分解。

（a）分解N4滑油喷嘴固定螺栓

（b）安装高压轴堵头

（c）安装N4轴承拔出工装

（d）使用液压作动筒拔出轴承

图 9 - 11　N4 轴承的分解

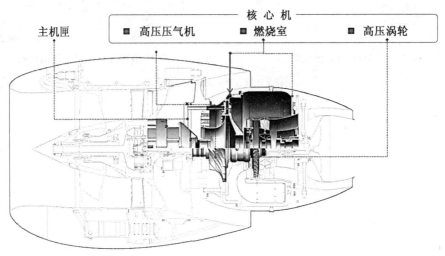

第10章

核心机的分解

本章将主要针对 DGEN380 发动机的主机匣及核心机进行分解。DGEN380 发动机的核心机如图 10-1 所示,主要包括:高压压气机、回流式环形燃烧室、高压涡轮。位于高低压转子之间的主机匣是该发动机的核心承力结构,同时实现内外涵道气流分流的作用,其空心机匣支板内部贯穿了滑油进/回油管以及起动发电机电缆、控制系统信号线路等附属装置。

本章将完成主机匣、离心叶轮罩、离心叶轮及高压涡轮转子的分解。

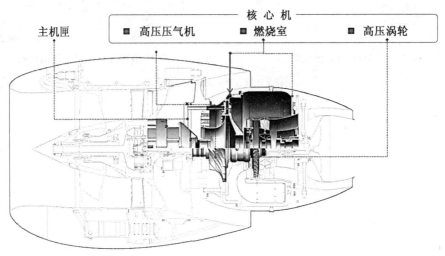

	核 心 机		
主机匣	■ 高压压气机	■ 燃烧室	■ 高压涡轮

图 10-1　DGEN380 发动机的主机匣及核心机

10.1　核心机与主机匣的分解

主机匣的前端面内外安装边分别和风扇内外机匣连接,同时,N3 轴承、N4 轴承的外环、减速齿轮箱、SG 定子也固定在主机匣的前端面上。主机匣前端面的各零件都已经分解完毕,只要分解后端面上连接扩压器机匣的螺栓,就可以完成主机匣的分解。本节将完成主机匣的分解,其分解指导动画见"CORE ENGINE"模块。

如图 10 - 2,首先,把高脚台放置装配架底座上,底座上有两个定位销,用于限定高脚台的放置位置。通过装配架侧面的手柄调整发动机至竖直状态,主机匣朝上。通过装配架上部的手柄,调整发动机高度,直至伞形工装与高脚台面相接触。

在此步骤中,要注意高脚台与发动机支架通过底面的定位销确定位置,高压转子伞状保持器也要与高脚台对中,这样才能保证分解发动机主机匣的操作过程中,不会损伤到轴承等精密零件。

扩压器通过 32 个螺栓与主机匣相连接。使用扳手逐一拆除连接螺栓,注意其中有 3 个螺栓为定位螺栓,配备垫片,要注意保存垫片不要遗失。

旋转装配架手柄、升起主机匣,使其与扩压器分离。至此,核心机成功分离,将分解下来的核心机移至工作台准备进一步分解,之后拆除高脚台。

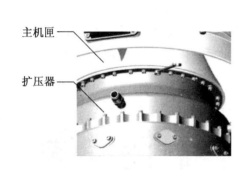

(a) 拆除连接螺栓　　　　(b) 主机匣与扩压器分离

图 10 - 2　分解核心机与主机匣

微 课 堂

10.2　高压压气机转子的结构分解

DGEN380 发动机的高压压气机转子主要包括:SG 转子、N4 止推轴承、离心压气机叶轮、N5 滚棒轴承、高压涡轮叶-盘-轴。其中,SG 转子、N4 止推轴承已经分解完毕,本节将分解叶轮罩及离心叶轮。

(1) 分解叶轮罩

分解指导动画见"COMPRESSOR COVER"模块。叶轮罩通过 25 个螺栓与扩压器相连接,如图 10 - 3 使用棘轮扳手、延长杆与梅花头套筒通用工具组合分解连接螺栓后,即可得到叶轮罩及其垫圈。

(a) 分解连接螺栓

(b) 取下叶轮罩

图 10 - 3　叶轮罩的分解

(2) 分解离心叶轮

分解指导动画见"FRONT CS HPT SHAFT"模块。如图 10 - 4，首先安装高压转子轴端堵头。然后，安装压气机拔出工装，旋转调整套筒角度，直至其钩爪钩住压气机轴端凸边。随后，安装 RC53 液压作动筒，施加不超过 320 bar 的液压，使离心叶轮脱离高压轴。最后，释放液压，拆除液压作动筒和拔出工装，存放离心叶轮，不要移除高压轴堵头。

高压轴堵头 ——

(a) 安装高压轴堵头

调整角度

压气机
拔出工装

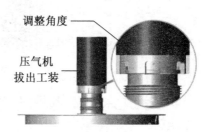

(b) 安装压气机拔出工装

(c) 安装RC53液压作动筒

(d) 分解离心叶轮

图 10 - 4　离心叶轮的分解过程

10.3 高压涡轮转子的分解

本节将针对 E2 滑油腔及高压涡轮叶盘轴结构进行分解,分解指导动画见"FRONT CS & HPT SHAFT"模块。

(1) 分解 N5 前石墨封严环

石墨封严环(Carbon Seal,CS)中的石墨易碎,在分解的时候需要轻拿轻放。分解该零件的工装安装如图 10 - 5(a)所示,具体步骤如下。

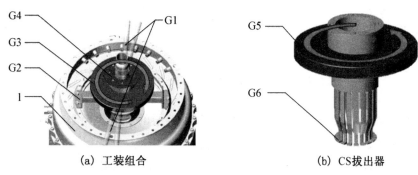

(a) 工装组合　　　　　　　　　　(b) CS 拔出器

1—扩压器机匣;G1—飞轮延长杆;G2—CS 拔出器支撑工装;G3—CS 拔出器;
G4—CS 钩爪撑开工装;G5—飞轮;G6—钩爪。

图 10 - 5　分解 N5 前石墨封严的工装组合示意图

首先,使用通用工具中的螺栓把 CS 拔出器支撑工装固定在扩压器内环上;然后,如图 10 - 5(b)组装 CS 拔出器的飞轮和钩爪,并将它安装到 CS 拔出器支撑工装上,务必要保证钩爪已经穿过石墨封严环,接下来安装 CS 钩爪撑开工装,使其下表面接触到拔出器飞轮上表面,最后安装飞轮延长杆。

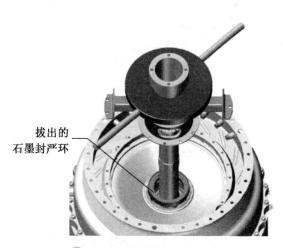

拔出的
石墨封严环

工装组合完毕后,通过延长杆施加扭矩,顺时针旋转 CS 拔出器,即可拔出 CS。拔出 CS 后,取下钩爪撑开工装,分解 CS 拔出器支撑工装的固定螺栓,移除 CS 拔出器支撑工装及 CS 拔出器,小心取下石墨封严环(图 10 - 6)进行保存。

图 10 - 6　拔出的石墨封严环

（2）分解高压涡轮盘轴

N4 止推轴承已完成分解，高压转子已无轴向位置限制，拆除伞装工装后，使用液压作动筒将高压转子推出，即可完成高压转子的分解。在分解高压涡轮盘轴的过程中，要注意保护高压转子的另一个支承 N5 轴承。具体步骤如下：

① 在高压涡轮轴端安放高压轴堵头，如图 10-7(a)所示。

② 使用通用工具的 4 个螺栓将盘形工装和 N5 轴承拔出套筒组装成一个整体，注意对齐两者之间的周向定位标记，如图 10-7(b)所示。

③ 将 N5 轴承拔出套筒中的钩爪推出，使钩爪钩住 N5 轴承内环前端的环槽。注意钩爪有一个缺口，安装时缺口要对准 N5 轴承的滑油喷嘴，否则会损伤喷嘴，如图 10-7(c)所示。

④ 下压盘形工装使其触碰到扩压器内环，套筒使钩爪收紧，调整角度使拔出器套筒和钩爪的定位平面对齐，如图 10-7(d)所示。

⑤ 使用 5 个通用工具的螺栓将盘形工装固定在扩压器内环法兰边上，如图 10-7(e)所示。

⑥ 调整核心机姿态至水平位置，拆除高压转子的伞装保持器，如图 10-7(f)所示。

⑦ 在 N5 轴承拔出套筒端部安装 RC53 液压作动器，使用不大于 200 bar 的压力将高压涡轮轴推出，如图 10-7(g)所示。

⑧ 释放压力后拆除液压作动器和所有工装，并观察确认 N5 轴承在原位置。至此，完成了高压转子的分解，如图 10~7(h)所示。

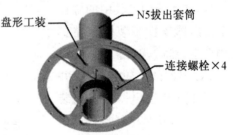

(a) 安装高压轴堵头   (b) 组装N5轴承拔出工装

(c) 安装N5轴承拔出工装   (d) 对齐套筒顶端定位面

(e)固定盘形工装

（f）水平姿态下拆除伞形工装

（g）安装RC53液压作动器

（h）推出高压涡轮盘轴

图 10‐7　高压涡轮盘轴的分解

第 11 章
扩压器单元与燃烧室单元的分解

完成了核心机的压气机与高压涡轮转子的分解之后,本章将针对核心机中的扩压器单元与燃烧室单元进行分解,如图 11-1 所示。

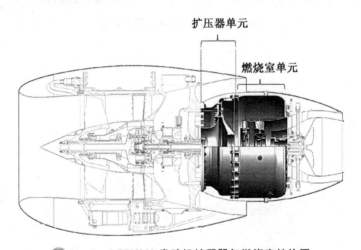

图 11-1　DGEN380 发动机扩压器与燃烧室结构图

扩压器单元的主要作用是对气流减速增压,同时作为三个承力框架之一传递转子的径向载荷。主要包括:扩压器组件,焊接了 E2 滑油腔的供、回油管路,安装有 N5 轴承外环及滑油喷嘴。

燃烧室的主要作用为组织燃烧,将化学能转化为动能。从气流流动的角度而言,燃烧室单元位于扩压器之后,涡轮之前,从结构位置而言,燃烧室位于涡轮部件外围,排气机匣之前。燃烧室单元主要包括:燃烧机匣,火焰筒,点火装置及高压涡轮导叶。

11.1 扩压器单元与燃烧室单元的分解

扩压器单元与燃烧室单元有两个连接端面,分别位于图 11-2 中 A、B 所在位置,分解两个位置的螺栓,即可完成扩压器单元与燃烧室单元的分解,分解指导动画见"DIFFUSER DISASSEMBLY"模块。具体步骤如下:

首先,拆除图 11-2 中 A 位置的螺栓。从扩压器方向,使用两用扳手松开法兰边上的 31 个螺栓;如图 11-3(a),接着拆除图 11-2 中 B 位置的螺栓。从燃烧室方向,使用棘轮扳手、延长杆和套筒工具组合,松开内环连接的 11 个螺栓,如图 11-3(b)所示,从燃烧室单元上取下扩压器单元,即完成核心机的分解。

需要提醒的是,B 处的螺栓同时固定了 N5 轴承外环,此步骤完成后,N5 轴承外环无紧固件连接。

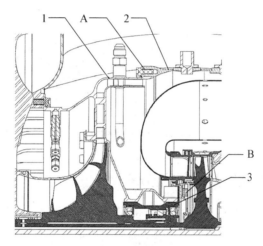

1—扩压器;2—燃烧室机匣;3—N5 轴承外环;A—螺栓×31;B—螺栓×11。

图 11-2 扩压器单元与燃烧室单元的连接端面

(a) 分解外环连接螺栓

(b) 分解内环连接螺栓

图 11-3 扩压器与燃烧室的分解

微课堂

11.2 燃烧室单元结构分解

11.2.1 燃烧室单元结构

DGEN380燃烧室单元主要由燃烧室机匣、火焰筒、高压涡轮导向器(HP 导向器)、高压涡轮外环(HP 外环)组成,如图 11-4 所示。

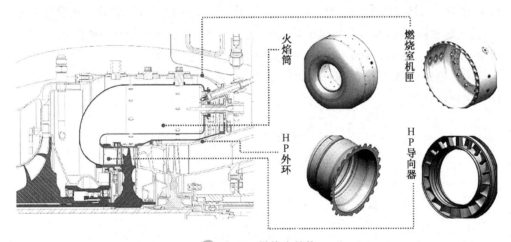

图 11-4 燃烧室结构

11.2.2 火焰筒与燃烧室机匣的分解

本节将进行燃烧室单元中火焰筒的分解,分解指导动画见"COMBUSTOR CASING"模块。

(1) 分解 P3 接头、P3 PLUG

如图 11-5,使用棘轮扳手和套筒组合,依次松开 P3 连接头、P3 PLUG 的连接螺栓,即可完成 P3 连接头、P3 PLUG 的分解,注意保存密封垫。

(2) 分解火焰筒

火焰筒通过 3 个周向定位销固定在燃烧室机匣上,使用棘轮扳手和套筒组合,松开周向 3 个定位销的连接螺栓后,取下定位销,注意保存密封垫。之后,火焰筒就可以从燃烧机匣中取出,分解下的火焰筒如图 11-6 所示。

高压导向器随着火焰筒一起分解下来,高压导向器和火焰筒可以进一步分解,但是由于结构的分解和装配难度较大,在此不做进一步分解。

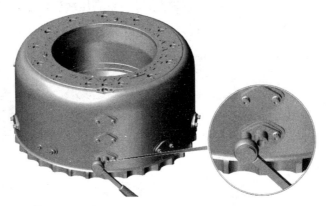

图 11-5　棘轮扳手分解 P3 接头、定位销等固定螺栓

燃油喷嘴
浮动衬套座×13　　起动燃油喷嘴和　　定位销安装孔×3
　　　　　　　　预热塞安装座

HP导向器

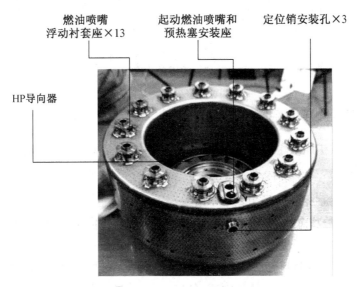

图 11-6　火焰筒实物分解

微课堂

11.3　扩压器单元分解

11.3.1　扩压器单元结构

扩压器单元主要有四个部分组成,如图 11-7 所示。

第一个部分是扩压器机匣,扩压器通过外部法兰边与前端的主机匣和后端的燃烧室机匣连接,E2 滑油腔的供油、回油及通气管路与扩压器焊接为整体不可拆结构。

第二部分是 N5 轴承外环,它安装在扩压器内径后端面的法兰边处。

第三部分是石墨封严环(CS),它安装于 N5 轴承外环的内径处。

第四部分是 N5 轴承内环,通过过盈配合安装于高压涡轮轴上,高压涡轮轴分解后 N5 轴承内环处于自由状态,由于前方的 N5 滑油喷嘴阻挡暂时不能取出。

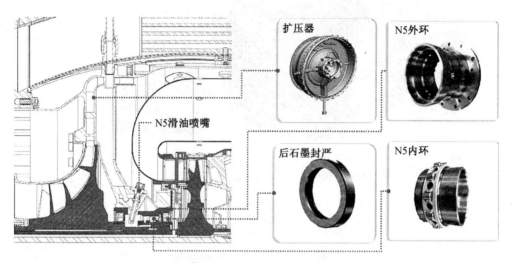

图 11-7 扩压器结构组成

11.3.2 扩压器单元结构的分解

本节将完成扩压器单元的分解,分解指导动画见"DIFFUSER"模块。

(1) 分解 N5 轴承的内环

由于高压涡轮盘轴已经分解,目前 N5 轴承内环(包括:轴承内圈、滚子和保持架)已经处于自由状态,只要取下 N5 滑油喷嘴即可从后向前取出 N5 轴承内环。步骤如下:

如图 11-8,使用棘轮扳手和小套筒组合,松开 N5 轴承滑油喷嘴的螺栓,取下滑油喷嘴及其两个封严圈,N5 轴承内环可以轻松地从扩压器上分解下来。

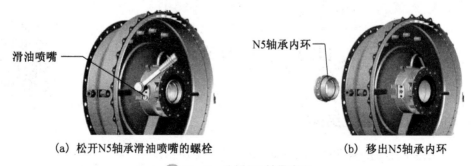

(a) 松开N5轴承滑油喷嘴的螺栓　　(b) 移出N5轴承内环

图 11-8 分解 N5 轴承内环

(2) 分解 N5 轴承后石墨封严

N5 轴承后石墨封严(CS)的分解与前石墨封严的分解有相似之处。同样要注意

CS 是易碎零件,在分解的时候需要轻拿轻放。

分解 N5 轴承后 CS 的工装组合如图 11－9 所示。具体组装和分解过程如下:

首先在扩压器法兰边上,使用 3 个通用工具螺栓固定 CS 拔出器支撑工装,然后组装 CS 拔出器的飞轮和钩爪,安装飞轮延长杆,并将它安装到 CS 拔出器支撑工装上,钩爪伸入石墨封严的后方,安装过程小心不要损伤石墨封严。接下来在 CS 拔出器的中心孔压入 CS 钩爪撑开工装,直到其下表面接触到拔出器飞轮上表面。随后使用延长杆顺时针旋转飞轮,缓缓拔出石墨封严。拔出石墨封严后,依次拆除钩爪撑开工装、拔出器支撑工装,即可取下石墨封严环。

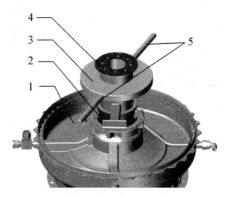

1—扩压器机匣;2—CS 拔出器支撑工装;3—CS 拔出器;4—CS 钩爪撑开工装;5—飞轮延长杆。

图 11－9　分解 N5 轴承后石墨封严的工装组合

(3) 分解 N5 轴承外环

N5 轴承外环为薄壁圆筒结构,一端带法兰边,通过螺栓固定于扩压器中心的安装面上,该连接螺栓在分解扩压器单元和燃烧室单元的时候已经拆除,此步骤仅需将 N5 轴承外环推出扩压器即可。具体工装组合和步骤如下:

首先,如图 11－10(b)将 N5 轴承外环分解导向器安放在扩压器前端面的中心孔上;如图 11－10(a),使用通用工具中的螺栓把 N5 轴承外环螺杆导向器与盘形工装组成为一体;然后如图 11－10(c),使用通用工具中的 5 个螺栓将组合工装安装在扩压器的法兰边上。如图 11－10(d),在盘形工装中心处安装 N5 轴承外环驱动螺杆,使用棘轮扳手顺时针拧动驱动螺杆,将 N5 轴承外环从扩压器中顶出,之后拆除所有的工装。完成 N5 轴承外环的分解。

先进齿轮传动涡扇发动机结构分析与拆装

(a) 工装组装

(b) 安装N5轴承外环分解导向器

(c) 固定工装组合

(d) 驱动螺杆顶出N5轴承外环

1—N5轴承外环螺杆导向器；2—盘形工装；3—N5轴承外环分解导向器；4—N5轴承外环驱动螺杆。

图 11-10　分解 N5 轴承外环

第三篇
DGEN380 发动机装配

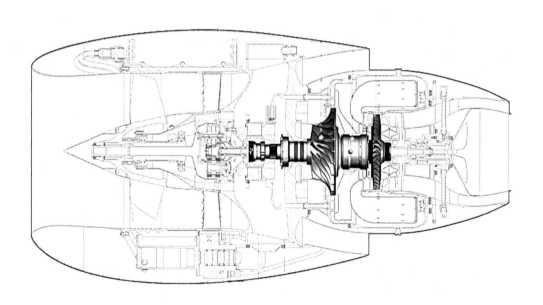

发动机的装配过程是分解的逆过程,分解通常是将发动机分解为部件,部件分解为零件,装配过程是把零件组装为部件,然后将部件组装为整体。

相对于发动机的分解过程,装配的过程要求会更加严格,在装配过程中要重点注意:

(1) 螺栓的正确选用;

(2) 紧固螺栓时拧紧力矩的正确设定;

(3) 紧固螺栓的顺序,参见图 5-14;

(5) 转子装配时的对中标记对齐,参见图 5-12。

第12章
扩压器单元与燃烧室单元的装配

本章将针对图 12-1 中 DGEN380 发动机的燃烧室单元、扩压器单元开展装配。

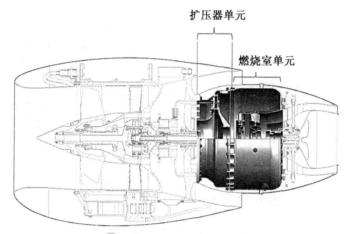

图 12-1　第 12 章安装部件

微课堂

12.1　燃烧室单元的组装

本节将完成燃烧室单元的组装,装配指导动画见"COMBUSTOR_CASING"模块。

(1) 火焰筒与燃烧室机匣的装配

首先,将火焰筒放入燃烧室机匣中,要注意根据预热塞、起动燃油喷嘴的安装位置调整火焰筒与燃烧室机匣的周向位置。然后使用 3 个定位销将火焰筒固定在燃烧室外机匣上,注意定位销前需放置垫片。最后,调整扭力扳手的限定扭矩为 7 N·m,使用扭力扳手和套筒组合紧固 M5×10 的双六角螺栓,在燃烧室机匣上固定定位销。

（2）安装 P3 连接头、P3 PLUG

选择 M5×10 的双六角螺栓在燃烧室机匣上固定 P3 连接头、P3 PLUG，注意螺栓头下方放置垫片，设定 7 N·m 的力矩，使用扭力扳手和套筒拧紧螺栓。

微课堂

12.2 扩压器单元的组装

扩压器单元的组装包括：N5 轴承内、外环，N5 滑油喷嘴，以及前、后的石墨封严（CS）。本节将完成燃烧室单元的组装，装配指导动画详见"DIFFUSER"模块。

（1）安装 N5 轴承外环

安装 N5 轴承外环具体步骤如下。

① 参考图 12-2(a)，组合 N5 轴承外环螺杆导向器和盘形工装。使用 5 个通用工具的螺栓将组合工装固定在扩压器前端面的内环法兰边上，如图 12-2(b) 所示。

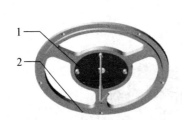

(a) 工装组装　　　　　　　　(b) 安装工装组合

1—N5 轴承外环螺杆导向器；2—盘形工装。

图 12-2　N5 轴承外环安装的组合工装 1

② 如图 12-3，将 N5 轴承外环、N5 轴承外环安装导向工装和 N5 轴承外环法兰工装组装在一起，通过 3 个 M5×70 的螺栓连接 N5 轴承外环安装导向工装和 N5 轴承外环法兰工装。**注意：N5 轴承外环法兰工装与 N5 轴承外环只有一个周向位置可以组合。**

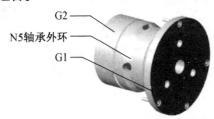

(a) 工装组合示意图　　　　　　(b) 隐去N5轴承外环的工装组合示意图

G1—N5 轴承外环法兰工装；G2—N5 轴承外环安装导向工装；G3—M5×70 螺栓×3；
G4—内六角扳手。

图 12-3　N5 轴承外环安装的组合工装 2

③ 如图 12-4(a),从法兰工装一侧拧入 N5 轴承外环驱动螺杆,把图 12-3 中的组合工装对中放入扩压器后端面的中心孔中。

④ 如图 12-4(b),使用大套筒和扭力扳手组合,在驱动螺杆上施加 20 N·m 的力矩,将 N5 轴承外环压进扩压器中心孔。

⑤ 如图 12-4(c),目视检查 N5 轴承外环法兰工装的下表面完全接触到扩压器,说明 N5 轴承安装已经安装到指定位置,检查完毕后拆除所有工装。

(a) 安装N5轴承外环驱动螺杆　　　　　　(b) 施加20N·m的力矩

(c) 目视检查N5轴承外环安装是否到位

图 12-4　N5 轴承外环的安装

(2) 安装 N5 轴承后石墨封严环

安装 N5 轴承后的石墨封严环(CS)具体步骤如下:

① CS 放置在 N5 轴承外环中心孔位置,放置时注意石墨面朝外,将 CS 安装工装覆盖在 CS 上方,使用工装配套的 3 个螺栓将 CS 安装工装固定在扩压器上,如图 12-5 所示。

(a) 零件与工装的安装位置　　　　　　　(b) 固定工装

G1—CS 安装工装;1—CS;2—N5 轴承外环;3—扩压器后端面。

图 12-5　CS 安装步骤 1

② 如图 12-6(b)，在扩压器前端面中心孔位置安装 CS 法兰工装和驱动螺杆，法兰工装注意和 N5 轴承外环对中。

③ 使用扭力扳手及大套筒工具施加安装力矩，图 12-6(a) 为 CS 安装的工装组合透视图，在施加安装力矩之前再次检查所有工装是否安装在正确位置。设置 20 N·m 的力矩，顺时针拧紧驱动螺杆，将 CS 压入 N5 轴承外环中心孔。

④ 如图 12-6(c)所示，拆卸 CS 法兰工装和驱动螺杆后，从侧面检查 CS 安装工装与扩压器之间无间隙，可认为 CS 已安装到位。

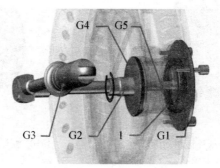

(a) CS安装的工装组合透视图

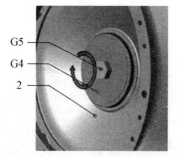

(b) CS法兰工装和驱动螺杆安装图示

(c) 检查CS安装到位

1—CS；2—扩压器；G1—CS 安装工装；G2—大套筒；G3—扭力扳手；G4—CS 法兰工装；G5—驱动螺杆。

图 12-6　石墨封严工装组合图示

(3) 安装 N5 轴承内环

接下来将完成 N5 滑油喷嘴与 N5 轴承内环的安装。扩压器内已经安装有 N5 轴承外环，高压轴还未安装，因此，本步骤中仅需将 N5 轴承内环放置于轴承外环的中心孔处，随后安装 N5 滑油喷嘴，N5 滑油喷嘴可防止 N5 轴承内环从 N5 轴承外环中脱落。具体步骤如下：

① 从扩压器前端的中心孔放入 N5 轴承内环，轻轻推送直至触碰到底，注意轴承内环安装的方向如图 12-7(a)所示。

② 如图 12-7(b)所示，在 N5 滑油喷嘴及安装位置放置密封圈，然后插入喷嘴，

使用 2 个 M5×10 双六角螺栓,采用 7 N·m 的力矩紧固螺栓。

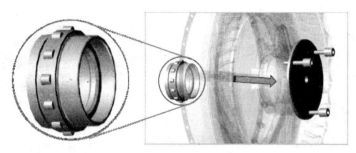

(a) N5轴承内环的安装方向

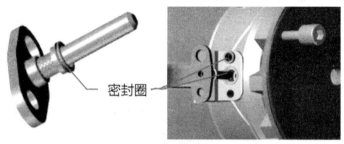

密封圈

(b) N5滑油喷嘴配备的3个密封圈

(c) 紧固N5滑油喷嘴固定螺栓

图 12-7　N5 轴的安装

(4) 安装 N5 轴承前石墨封严环

安装 N5 轴承前的石墨封严环(CS)具体步骤如下:

① 在扩压器前端中心孔居中放置 CS,石墨面朝外,将 CS 法兰工装覆盖在 CS 上方。驱动螺杆穿过 CS 法兰工装和 N5 轴承外环安装工装的中心孔,如图 12-8(a)所示。

② 设置 20 N·m 的力矩,使用扭力扳手和大套筒组合,顺时针拧紧驱动螺杆,缓缓将石墨封严压入扩压器。

③ 拆除所有工装,确定石墨封严的安装方向正确。

至此,扩压器部件组装完毕。

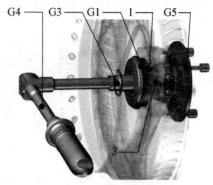

(a) CS法兰工装和驱动螺杆安装图示　　　　(b) 工装安装透视图

1—CS;2 扩压器;G1—CS 法兰工装;G2—驱动螺杆;G3—大套筒;G4—扭力扳手;G5—CS 安装工装。

图 12 - 8　N5 轴承前石墨封严的安装

12.3　燃烧室单元与扩压器单元的组装

下面将进入扩压器与燃烧室外机匣的组装环节,装配指导动画详见"DIFFUSER_ASSEMBLY"。

(1) 将扩压器放置于燃烧室机匣前端面上,调整周向位置,使空气软管接头与 P3 接头基本成一条直线,扩压器和燃烧室机匣两者法兰边的螺栓孔对齐,随后安装 3 个 M5×12 双六角螺栓连接扩压器与燃烧室机匣,只需手动拧紧,完成初步的周向定位和连接。

(2) 在高压涡轮导向器内环上,使用扭力扳手(设定力矩 7 N·m)、延长杆和小套筒工具组合,紧固 11 个 M5×12 双六角螺栓,注意沿周向分布螺栓的紧固顺序。

(3) 在扩压器与燃烧室外机匣的连接面上,使用扭力扳手、延长杆和小套筒工具组合,设定拧紧力矩为 7 N·m 紧固 34 个 M5×12 双六角螺栓,注意沿周向分布螺栓的紧固顺序。

（a）周向定位

（b）内环紧固

（c）法兰边紧固

1—扩压器；2—空气软管接头；3—P3 接头；4—燃烧室机匣。

图 12 - 9　扩压器和单元与燃烧室单元的装配

第 13 章
高压转子的装配

本章将完成 DGEN380 发动机的高压转子的组装和装配,如图 13-1 所示,包括:离心叶轮、起动发电机转子、N4 止推轴承、N5 滚棒轴承内环等零部件与高压涡轮盘轴的装配。

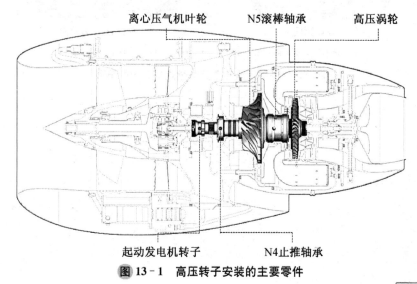

图 13-1　高压转子安装的主要零件

13.1　安装高压涡轮轴

本节将开展高压涡轮轴的安装,装配指导动画见"HP_TURBINE_SHAFT"模块。具体步骤如下。

(1) 将盘形工装和 N5 隔套工装通过螺栓连接组装后,通过 5 个安装螺栓将其固定在扩压器内环法兰边上,如图 13-2(a)所示。

(2) HP 拉杆一端有螺纹,按照图 13-2(b)中所示方向插入高压涡轮轴,并沿逆时针方向手动拧紧,将 HP 拉杆和高压涡轮轴固定为一体。

（3）扩压器-燃烧室组件水平放置,高压涡轮轴按图 13-2(c)所示方向插入扩压器-燃烧室组件。

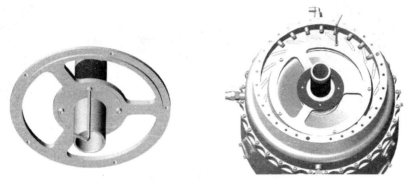

(a)　盘形工装和N5隔套工装组合后安装

(b)　HP拉杆和高压涡轮轴组装

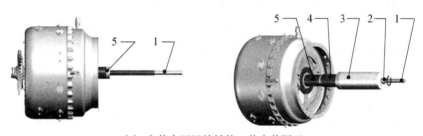

(c)　安装高压涡轮轴的工装安装图示

1—HP 拉杆;2—M16 螺帽;3—RCH123 液压作动筒;4—压气机隔套工装;5—N5 隔套工装。

图 13-2　安装高压涡轮轴

（3）在 HP 拉杆上,依次安装压气机隔套工装、RCH123 液压作动筒、M16 螺母。注意压气机隔套工装和 N5 隔套工装要贴合。之后施加 200 bar 的液压,达到指定液压后移除液压作动筒和压气机套筒工装,完成高压涡轮盘轴的安装。

（4）如图 13-3,使用内六角扳手,在燃烧室后端安装伞形工装。注意伞形工装与高压涡轮轴的卡槽对齐,以限制高压涡轮轴的转动。之后可以拆除盘形工装和 N5 隔套组合件。

(a) 安装伞状保持器　　　　　(b) 保持器与高压轴端的配合示意图

图 13-3　安装高压转子保持器

微课堂

13.2　装配高压压气机

本节完成高压压气机的装配,包括高压离心叶轮及离心叶轮罩,装配指导动画见"COMPRESSOR"及"COMPRESSOR COVER"模块。

(1) 安装离心叶轮

① 调整发动机至竖直姿态,伞装工装朝下,手动调整 N5 前 CS,使其对中良好。

② 如图 13-4,在高压轴上放置离心叶轮,注意对准高压涡轮轴和离心叶轮之间的周向定位标记。依次安装 HP 隔套工装、RCH123 液压作动器和 M16 螺母。施加 200 bar 的压力,将离心叶轮推入高压轴。

③ 保留伞形工装,拆除其他工装。

离心叶轮安装完毕后,通过测量高压离心叶轮短轴前端与高压轴顶端的距离,确保高压离心叶轮安装到正确的位置,具体步骤见 13.7 节。

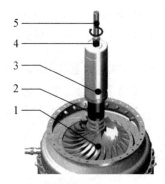

1—离心叶轮;2—高压隔套工装;3—RCH123 液压作动器;4—M16 螺母。

图 13-4　高压离心叶轮的安装

（2）安装离心叶轮罩

如图 13-5，在扩压器前端内环上依次放置离心叶轮罩及其垫圈，并注意离心叶轮罩的周向定位标记。使用 M5×8 内六角螺栓固定扩压器，使用扭矩扳手（设定 7 N·m）、延长杆及梅花头套筒组合紧固螺栓，注意周向拧紧顺序。

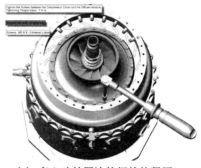

（a）离心叶轮罩的垫圈　　　　　　（b）离心叶轮罩连接螺栓的紧固

图 13-5　离心叶轮罩的安装

微 课 堂

13.3　组装核心机

本节将完成核心机的组装，装配指导动画见"CORE_ENGINE_ASSEMBLY"模块。

（1）安装高脚台至发动机底座平面指定位置处，高脚台通过装配架底面的两个定位销确定位置。

（2）扩压器与燃烧室的组装件放在高脚台上，伞形工装的孔与高脚台的中心孔对齐，如图 13-6 所示。

图 13-6　伞形工装的孔与高脚台的中心孔对齐

（3）将主机匣缓缓下降接触到扩压器。**注意：主机匣法兰边上的定位销和扩压器法兰边上的孔对准，如图 13 - 7。**

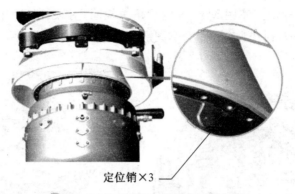

定位销×3

图 13 - 7　主机匣与扩压器周向定位销

（4）使用 34 个 M5×12 个双六角螺栓连接扩压器和主机匣，其中有 3 个定位螺栓需要配垫片，使用扭力扳手（设定 7 N·m）及多边形接头工具组合紧固螺栓（如图 13 - 8），注意螺栓周向的紧固顺序。

图 13 - 8　紧固扩压器和主机匣的连接螺栓

（5）安装完毕后，顺时针旋转装配架顶部的手柄，升高核心机部件后移除高脚台，顺时针旋转装配架侧面的手柄，将发动机调整至水平姿态。（如图 13 - 9）

图 13 - 9　核心机组装完毕状态

13.4　安装 N4 轴承

本节完成 N4 轴承的安装,安装指导动画见"N4 BEARING"模块。

(1) HP 拉杆从燃烧室向扩压器方向,插入 HP 轴中心孔,逆时针旋转固定拉杆,如图 13-10。

图 13-10　安装 N4 轴承步骤 1

(2) 依次在 HP 轴上,安放 N4 轴承和 N4 轴承隔套工装,使用 1 个 M5×30 螺栓固定 N4 轴承相对于主机匣的周向位置,如图 13-11。

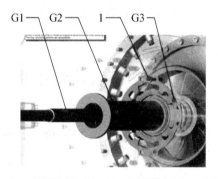

1—N4 轴承;G1—HP 拉杆;G2—N4 轴承隔套;G3—M5×30 螺栓。

图 13-11　安装 N4 轴承步骤 2

(3) 如图 13-12(a),在拉杆上安装 RCH123 液压作动器、M16 螺母,施加不大于 200 bar 的压力将 N4 轴承推入 HP 涡轮轴。

(4) 移除所有工装及定位螺栓,使用 6 个 M5×12 双六角螺栓固定轴承,注意螺栓位置避开滑油喷嘴的固定螺栓孔,参见图 13-12(b),使用扭力扳手(设定 7 N·m)、延长杆及小套筒工具组合紧固 6 个螺栓。

(5) N4 轴承滑油喷嘴上安装密封环,在如图 13-12(c)所示。使用 2 个 M5×12

双六角螺栓将滑油喷嘴固定在 N4 轴承上,使用扭力扳手(设定 7 N·m)、延长杆及小套筒工具组合紧固螺栓。

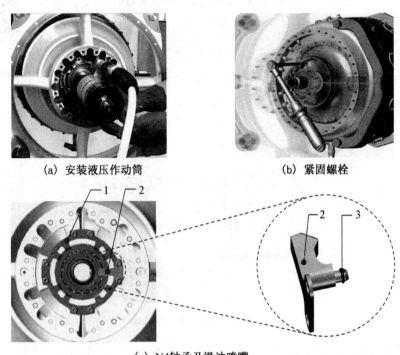

      (a) 安装液压作动筒   (b) 紧固螺栓

(c) N4轴承及滑油喷嘴

1—N4 轴承;2—滑油喷嘴;3—密封圈。

图 13-12　N4 轴承的安装

13.5　安装起动发电机

本节完成起动发电机(SG)转子与定子的安装,指导动画见"STATOR ROTOR"模块。

(1) 安装 SG 定子

将 SG 定子放置于主机匣内,定子的控制线路穿过主机匣正上方的空心支板,如图 13-13(a)。定子与主机匣使用 4 个 M5×12 双六角螺栓连接,螺栓位置如图 13-13(b)所示,使用扭力扳手(设定 7 N·m)、延长杆、小套筒工具组合紧固螺栓。

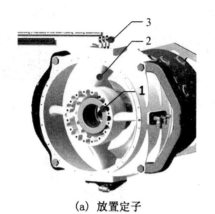
（a）放置定子

（b）固定螺栓（×4）示意

1—SG 定子；2—主机匣空心支板；3—SG 定子三相线缆。

图 13 - 13　SG 定子安装图示

（2）安装 SG 转子

将 HP 拉杆从燃烧室后端插入高压涡轮轴，并沿逆时针方向拧紧。在 SG 定子中心孔处，放入 SG 转子，保证其周向定位正确，注意转子与轴的套齿啮合。由于 SG 转子与定子间存在较大的磁力，安装过程中要小心两者互相碰撞。

如图 13 - 14，在 SG 转子上，顺时针拧上 SG 套筒工装，安装 RCH123 液压作动筒、M16 螺帽，施加 250 bar 的压力，将 SG 转子推至与 N4 轴承内环前端面接触，完成 SG 转子安装。

最后，拆除液压作动筒、套筒工装和拉杆工装。SG 转子安装完毕以后，可以根据起动发电机转子前端面与高压轴前端面的轴向距离，判断起动发电机转子的轴向位置是否合理，具体测量方法参见 13.7 节。

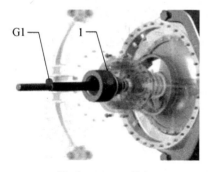

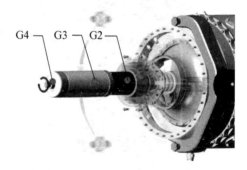

1—SG 转子；G1—HP 拉杆；G2—SG 套筒；G3—RCH123 液压作动筒；G4—M16 螺帽。

图 13 - 14　SG 转子的安装

微课堂

13.6　安装高压轴螺母

本节将完成高压轴端螺母与轴间封严(ISS)的安装,指导动画见"HP SHAFT NUT"模块。

(1) 安装高压轴螺母

① 将 HP 拉杆工装从燃烧室后端插入高压涡轮轴,并沿逆时针方向拧紧。

② 如图 13-15(a),将高压轴螺母和高压轴扳手组装在一起;如图 13-15(b),借助高压轴扳手手动将高压螺母预装在高压轴上,直到接触到 SG 转子,拧紧方向为沿顺时针方向。

③ 如图 13-15(c),顺时针拧入 SG 隔套工装,如图 13-15(d),安装 RCH123 液压作动筒及 M16 螺帽。**注意:M16 螺帽与液压作动筒后端面之间必须预留 1 cm 左右的间距。**

④ 如图 13-15(d),施加 280 bar 的载荷,在保持液压的情况下,在 SG 隔套和高压轴扳手的开孔处插入拨杆,顺时针转动拨杆,直到无法转动,这代表高压轴螺母已经安装到位。

⑤ 保留 HP 拉杆工装,移除其他工装。

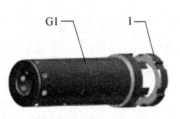

(a) 高压轴螺母和高压轴扳手组装

(b) 高压螺母预装在高压轴上

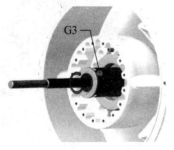

(c) 拧入SG隔套

(d) 拧紧高压轴螺母

1—高压轴螺母;G1—高压轴扳手;G2—HP 拉杆;G3—SG 隔套;G4—拨杆。

图 13-15　安装高压轴螺母

（2）安装 ISS 滚道环

穿过拉杆工装，手动放置 ISS 滚道环，安装滚道环套筒工装，如图 13-16 所示。之后，加装 RCH123 液压作动筒及后端 M16 螺帽，施加 100 bar 的载荷，把 ISS 滚道向后推，完成 ISS 滚道环的安装。最后，移除 RCH123 液压作动筒、滚道套筒和 HP 拉杆。

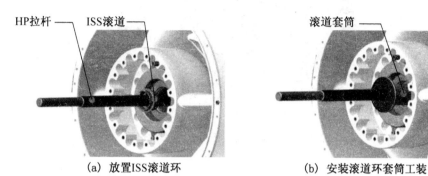

（a）放置ISS滚道环　　　　（b）安装滚道环套筒工装

图 13-16　安装 ISS 滚道环

（3）安装锥形螺纹环(CTR)

在 SG 转子上顺时针旋入 CTR，安装 CTR 扳手，CTR 扳手与 CTR 的卡槽注意对齐。采用大扭矩扳手（设定 40 N·m）、延长杆、大套筒、把手等工具组合，紧固 CTR。

此步骤完成后，可以对高压转子安装位置是否合理进行检测，检测方法见 13.7 节所示。

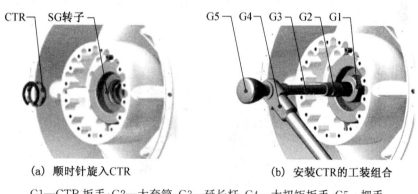

（a）顺时针旋入CTR　　　　（b）安装CTR的工装组合

G1—CTR 扳手；G2—大套筒；G3—延长杆；G4—大扭矩扳手；G5—把手。

图 13-17　安装 CTR

（4）安装低压转速传感器电缆

拆除所有工装后，如图 13-18 将低压转速传感器电缆穿过主机匣的空心支板。

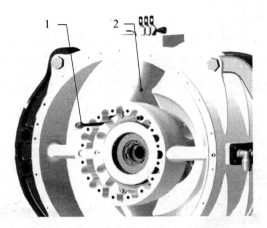

1—LP 连接电缆;2—空心支板。

图 13 - 18   安装低压转速传感器电缆

13.7   高压转子安装位置检测

高压转子安装过程中,有三个步骤完成后可以进行检测,判断结构安装位置是否合理。

(1) 离心叶轮安装后的测量

13.3.1 节离心叶轮安装完毕后,采用深度游标卡尺测量离心叶轮短轴前端与高压轴顶端的距离,确保离心叶轮安装位置合理,测量图示见图 13 - 19,该距离的合理范围为 75.6 mm±0.1 mm。

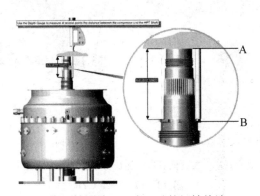

A—高压轴顶端;B—离心叶轮短轴前端。

图 13 - 19   离心叶轮安装后的检测示意图

(2) SG 转子安装后的检测

SG 转子安装完毕以后,可以根据 SG 转子前端面与高压轴前端面的轴向距离,判断 SG 转子的轴向安装位置是否合理。

由于该距离无法直接测得,如图 13-20 可将发动机调整至垂直状态,使用深度游标卡尺,分别测取主机匣法兰边与 SG 转子前端面的轴向距离 d_1,主机匣法兰边与高压轴前端面的轴向距离 d_2,二者相减可得到 SG 转子前端面与高压轴前端面的轴向距离 d,d 的值合理范围为 $24.9\,\mathrm{mm}\pm0.5\,\mathrm{mm}$。

(a)　测量d_1　　　　　　　(b)　测量d_2

图 13-20　SG 转子安装位置测量示意图

(3) CTR 安装后的检测

CTR 安装后,高压转子已经安装完成,可以对高压转子安装位置是否合理进行测量。

首先,手动旋转高压转子,检查高压转子是否能够平滑旋转,确认旋转过程中不存在噪音、卡顿、剐蹭或其他不正常现象。

然后,测量 ISS 滚道环前端面与高压轴前端面的轴向距离,判断高压转子安装的轴向位置是否合理。具体操作为:如图 13-21 调整发动机姿态至竖直向上状态,通过深度游标卡尺,分别测取主机匣法兰边与 ISS 滚道环前端面的轴向距离 d_1,以及主机匣法兰边与高压轴前端面的轴向距离 d_2,二者相减可得到 ISS 滚道环前端面与高压轴前端面的轴向距离,$15.4\,\mathrm{mm}\pm0.5\,\mathrm{mm}$ 为该距离的正常范围。

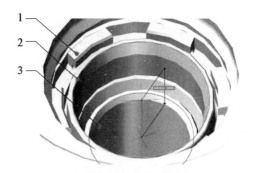

(a)　测量工具示意图　　　　　　(b)　测量位置示意图

1—CTR;2—ISS 滚道环;3—高压涡轮轴。

图 13-21　高压转子安装位置检测示意图

第14章
低压单元和排气机匣单元的装配

本章将完成低压单元、排气单元以及燃油管路的装配,低压单元包括:低压涡轮导向器、低压转子,如图14-1所示。低压转子包括:低压涡轮轴,低压涡轮盘,涡轮后轴承(即N6轴承)及转子后螺母等。

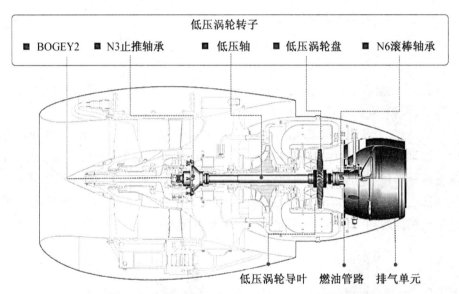

图14-1 低压单元和排气机单元安装主要零部件

微课堂

14.1　组装低压转子

本节将完成低压转子的组装。低压轴是一根细长轴,后端通过套齿连接低压涡轮叶盘,向前穿过高压涡轮轴,前端与BOGEY2传扭组件通过套齿连接,装配指导动画见"LP LINE"。

(1) 安装低压涡轮盘

① 如图 14-2(a),将低压涡轮叶盘预装在低压涡轮轴上,注意涡轮盘与涡轮轴的内、外套齿的相互啮合。N6 拉杆工装一端有螺纹,螺纹端与涡轮轴逆时针旋转拧紧,低压涡轮隔套工装穿过 N6 拉杆,直到接触到涡轮盘端。

② 如图 14-2(b),在 N6 拉杆上,加装 RCH123 液压作动筒及其后端 M16 螺母,再次确定涡轮盘与涡轮轴的内、外套齿相啮合后,施加 100 bar 的载荷,将涡轮盘推进涡轮轴,实现涡轮盘与轴的装配。之后,依次拆除所有工装。

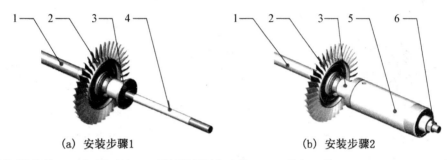

(a) 安装步骤1　　　　　　　　(b) 安装步骤2

1—低压涡轮轴;2—低压涡轮叶盘;3—低压涡轮隔套工装;4—N6 拉杆工装;5—RCH123;6—M16 螺母。

图 14-2　低压涡轮盘的安装

(2) 安装 N6 轴承

① 如图 14-3(a),从 N6 拉杆工装螺纹端,依次装上 N6 轴承内环和 N3-N6 轴承隔套,注意 N6 轴承内环的安装方向,将拉杆工装逆时针旋转与涡轮轴连接。

② 如图 14-3(b),安装 RCH123 液压作动筒及其后端 M16 螺母,施加 150 bar 的压力,将 N6 轴承内环推进涡轮轴,实现轴承内环与轴的紧度配合。完成后便可依次拆除所有工装。

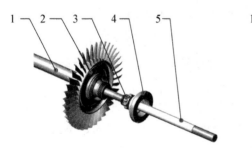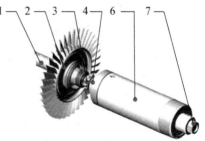

(a) 安装N3-N6轴承隔套和N6轴承内环　　　(b) 安装RCH123和M16螺母

1—低压涡轮轴;2—低压涡轮叶盘;3—N6 轴承内环;4—N3-N6 轴承隔套;5—N6 拉杆工装;6—RCH123;7—M16 螺母。

图 14-3　N6 轴承的安装

（3）安装低压涡轮轴后螺母

首先，手动将低压涡轮轴后螺母按照逆时针方向拧在涡轮轴上。接下来，选择 9 mm 套筒与涡轮轴端（如图 14-4(a)-A 所示）连接，低压扳手与低压涡轮轴后螺母连接；设定 20 N·m 的拧紧力矩，按照图 14-2(b)所示组合 100 mm 延长杆、18 mm 标准扳手以及扭矩扳手；在拧紧螺母时，一个手固定标准扳手，另一手顺时针旋转扭矩扳手，紧固低压涡轮轴后端螺母。达到 20 N·m 的力矩后，可依次拆除所有工装。

低压涡轮轴后螺母安装完毕后，低压涡轮转子的装配结束。

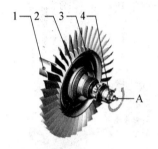

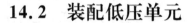

（a）手动拧上LPT轴后螺母　　　　（b）LPT轴后螺母拧紧的工具组合

1—低压涡轮轴；2—低压涡叶盘；3—N6 轴承内环；4—低压涡轮轴后螺母；5—低压扳手；
6—18 mm 两用扳手；7—100 mm 延长杆；8—扭矩扳手。

图 14-4　安装低压涡轮轴后螺母

14.2　装配低压单元

14.2.1　安装低压涡轮(LP)导向器

本节将完成低压涡轮导向器的装配，其装配指导动画见"LP NOZZLE"。

（1）检查低压涡轮导向器和涨圈的安装状态。涨圈作为封严结构，应该位于 LP 导向器的环槽内，如图 14-5 所示，安装 LP 导向器之前，应检查涨圈的安装位置是否正确，防止安装 LP 导向器的时候损坏涨圈。

（2）安装 LP 导向器。将 LP 导向器从燃烧室后端推入，直至 LP 导向器前端面与高压涡轮环底面相接触。LP 导向器前端面的三个缺口，为周向定位槽，如图 14-5(c)所示。在安装的过程中，注意使燃烧室内机匣的三个凸块与 LP 导向器的三个周向定位槽对齐。

至此，完成 LP 导向器的装配。此步骤完成后，可对 LP 导向器安装位置是否合理进行检测，具体见 14.2.3 节所示。

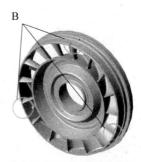

(a) LP 导向器　　　　　　(b) 涨圈　　　　　(c) LP 导向器周向定位槽

A—安装涨圈的环槽；B—周向定位槽。

图 14 - 5　低压涡轮导向器及涨圈结构示意图

图 14 - 6　低压涡轮导向器安装方向

14.2.2　安装低压转子及 N3 轴承

本节将完成低压转子及 N3 轴承的装配(如图 14 - 7),其装配指导动画见"LP LINE ASSEMBLY"。

(1) 将 14.1 节中组装后低压转子从 LP 导向器方向插入高压轴。

(2) 使用 4 个安装螺栓固定低压轴保持器工装。

(3) 在低压轴前端上,依次安装 ISS 滚道挡环,轴向衬套以及封严环。特别注意封严环是由石墨制成,操作过程中应小心操作。

(4) 在低压涡轮轴前端依次套上 N3 止推轴承、N3 - 6 轴承隔套,低压轴端手动拧紧 N3 拉杆工装。N3 - 6 轴承隔套与 N3 轴承内环端面需要靠紧。

(5) 在拉杆工装上,安装 RCH123 液压作动筒和 M16 螺帽;施加 150 bar 的液压,将 N3 轴承整体向后推。**注意:该环节需全程托举液压作动筒,以防止悬臂端过重损坏零部件。完成之后,保留低压轴保持器工装,移除其他工装。**

(a) 低压转子安装步骤1

(b) 低压转子安装步骤2

(c) 低压转子安装步骤3

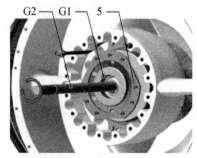

(d) 低压转子安装步骤4

(e) 低压转子安装步骤5

1—ISS滚道环;2—低压轴;3—轴向衬套;4—封严环;5—N3轴承;G1—N3-N6轴承隔套;G2—N3拉杆。

图 14-7　低压转子及 N3 轴承的安装

14.2.3　安装 BOGEY2 与低压轴前螺母

　　BOGEY2 是将低压涡轮扭矩传递给齿轮单元的零件之一,本节将完成 BOGEY2 及低压轴前螺母的装配,其装配指导动画见"BOGEY2"。

　　(1) 如图 14-8,将 BOGEY2 手动推入低压轴的套齿上,直到接触到 N3 轴承的前端面,顺时针在低压轴上拧入低压轴前螺母。

1—BOGEY2;2—低压涡轮轴前端;3—低压轴前螺母。

图 14 - 8　安装 BOGEY2 及低压轴前螺母

(2) 如图 14 - 9,使用 9 mm 套筒、100 mm 延长杆、18 mm 两用扳手、低压扳手工装和扭力扳手(设定 20 N·m)工具组合拧紧低压轴前螺母,**注意:9 mm 套筒安装在低压轴前端,低压扳手工装的两齿与低压轴前螺母的两个槽口配合**。工具组合后,扭力的箭头方向应为逆时针方向。扭力扳手固定不动,顺时针旋转标准扳手,直到扭力扳手达到限定值提示,停止加载,随后拆除所有工装,完成低压轴前螺母的安装。

1—9 mm 套筒;2—100 mm 延长杆;3—低压扳手工装;4—扭力扳手;5—18 mm 两用扳手。

图 14 - 9　安装 BOGEY2 的工具组合

至此,低压单元已经安装完成。此步骤完成后,可根据低压轴端与 BOGEY2 端面距离,判断低压转子的安装位置是否正确。

14.2.4　低压单元安装位置检测

(1) LP 导向器的安装后检测

LP 导向器安装完成后,可对导向器安装位置是否合理进行检测。具体方法为:顺时针旋转装配架的侧面手轮,调整发动机至竖直状态,排气端朝上,通过深度游标卡尺测取 LP 导向器后端面与高压涡轮环后端面的轴向距离,如图 14 - 10 所示,以判断 LP 导向器的轴向位置是否在合理范围内,该距离的合理范围为 74.05 mm±0.3 mm(图 14 - 11)。测量完毕后,调整发动机姿态至水平位置。

图 14-10　LP 导向器安装后测量位置示意

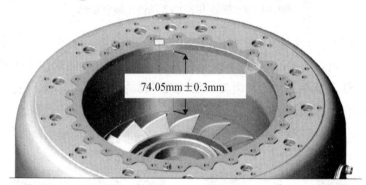

74.05mm±0.3mm

图 14-11　低压涡轮导向器与高压涡轮环后端面的合理距离示意

（2）低压轴前螺母安装后检测

低压轴前螺母安装后，低压单元已经安装完毕。因此，低压轴前螺母安装后，可根据低压轴端与 BOGEY2 端面距离，判断低压转子的安装位置是否正确。

测量时，可将发动机调整至进气端向上状态，使用深度游标卡尺，分别测量 BOGEY2 端面与主机匣前端面的轴向距离，低压轴端与主机匣前端面的轴向距离，如图 14-12 所示，两者的差值就是低压轴端与 BOGEY2 端面的轴向距离。低压轴端与 BOGEY2 端面合理距离应为 5.6 mm±0.5 mm。

测量完毕后，可将发动机旋转至水平姿态，为下一步装配做准备。

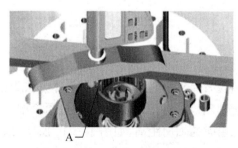 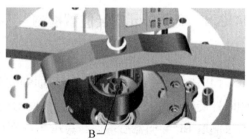

| （a）BOGEY2端面与主机匣前端面 | （b）低压轴前端面与主机匣前端面 |
| 的轴向距离测量 | 的轴向距离测量 |

A—BOGEY2 端面；B—低压轴前端面。

图 14-12　低压轴前螺母安装后检测

微课堂

14.3　装配排气机匣单元

本节将完成排气机匣单元的组装,其排气机匣单元的组装指导动画见"EXHAUST NOZZLE CASING",排气机匣单元与整机的装配指导动画见"EXHAUST CASING ASSEMBLY"。

14.3.1　组装排气机匣单元

(1) 安装 N6 轴承外环

如图 14 - 13,在轴承座前端面的环槽中(图 14 - 13 - A)安装前密封圈,将轴承 N6 轴承外环装入轴承腔,注意 N6 轴承外环顶部的缺口(图 14 - 13 - C)为周向定位标志,该缺口与轴承座进油孔(图 14 - 12 - B)在同一周向位置。后密封圈装于端盖的环槽上,使用 6 个 M5×12 双六角螺栓连接轴承座与后端盖,使用小套筒和扭力扳手(设定 7 N·m)紧固螺栓,注意周向紧固顺序。

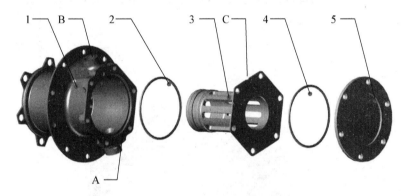

1—轴承座;2—前密封圈;3—N6 轴承外环;4—后密封圈;5—端盖;A—前密封圈安装位置;
B—进油孔;C—N6 轴承外环周向定位标记。

图 14 - 13　N6 轴承外环与轴承腔的装配示意

(2) 安装耐磨环

如图 14 - 14,依次在轴承腔的一端安装密封圈及 N6 轴承耐磨环,使用 6 个 M5×12 的双六角螺栓和螺母连接轴承腔和耐磨环,使用两用扳手卡住螺母,使用小套筒和扭力扳手(设定 7 N·m)紧固螺栓。

(a) N6轴承耐磨环安装位置示意　　　　　　(b) N6轴承耐磨环安装工具

1—耐磨环;2—密封圈;3—轴承座;4—小套筒;5—两用扳手;6—扭力扳手;A—密封圈安装位置。

图 14‑14　安装 N6 轴承耐磨环

(3) 安装 N6 轴承座组件

N6 轴承座组件通过 12 个 M5×12 双六角螺栓固定在排气机匣上。N6 轴承座组件和排气机匣安装时周向定位标记要对齐。因为 N6 轴承座组件安装位置较深,需要采用两个延长杆、小套筒、扭力扳手(设定 7 N·m)组合,对螺栓进行紧固(图14‑15),注意周向拧紧顺序。

图 14‑15　N6 轴承座组件安装

(4) 安装滑油导管

如图 14‑16,对准轴承座的滑油孔插入 E3 滑油导管,注意在 E3 滑油导管前端放置的密封圈。使用扭力扳手拧紧导管,拧紧力矩为 7 N·m。安装导管锁片,使用1 个 M5×12 双六角螺栓在机匣上固定锁片,使用扭力扳手(设定 7 N·m)及小套筒紧固螺栓。

（a）插入E3滑油导管

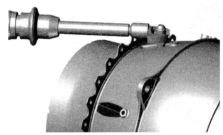

（c）扭矩扳手拧紧导管

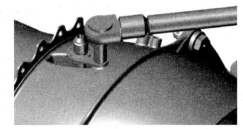

（d）安装锁片

图 14-16　安装 E3 滑油导管

（5）重复步骤(4)完成另一侧的滑油导管安装。

14.3.2　装配排气机匣单元

至此,已经完成了排气机匣单元的组装,接下来,将组装完成的排气机匣单元与整机进行装配。

（1）如图 14-17(a)所示,将排气机匣单元插入燃烧室后端,使用 26 个 M5×10 双六角螺栓连接排气机匣与燃烧室,使用扭力扳手(设定 7 N·m)和小套筒工具紧固螺栓,注意周向拧紧顺序。

（2）如图 14-17(b)所示,安装 T8 传感器,使用 3 个 M5×10 双六角螺栓固定传感器,使用扭力扳手(设定 7 N·m)和小套筒工具紧固螺栓。

（3）如图 14-17(c)所示,安装排气锥。使用 12 个 M5×16 内六角螺栓将排气锥固定在排气机匣上,使用扭力扳手(设定 7 N·m)和梅花头套筒工具紧固螺栓,注意周向拧紧顺序。

(a) 安装排气机匣单元

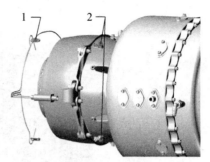

(b) 安装T8传感器

(c) 安装排气锥

1—T8 传感器；2—传感器安装座。

图 14‑17 排气机匣单元的安装

微课堂

14.4 装配燃油系统

本节将完成 DGEN380 发动机的燃油系统的装配，主要包括预热塞、起动喷嘴及输油圈。其指导动画见"FUEL SYSTEM"模块。

(1) 装配预热塞

将预热塞有 4 个小零件组成，如图 14‑18(a)组装后，安装在燃烧室机匣对应的位置，使用两个 M5×10 双六角螺栓固定与燃烧室机匣上，使用扭力扳手（设定 7 N·m）和多边形接头紧固螺栓（图 14‑18(b)）。

(2) 装配起动喷嘴

起动喷嘴上安装垫片后安装到燃烧室机匣对应位置，如图 14‑19，使用两个 M5×10 双六角螺栓固定，使用扭力扳手（设定 7 N·m）及多边形拧接头紧固螺栓。

(3) 装配输油圈

顺时针旋转装配架侧面手轮，将发动机调整至垂直姿态，尾喷管朝上。旋转装配架顶部手轮，将发动机调整到合适操作的高度。在燃油喷嘴孔的对应位置安放封严

(a)　预热塞组装　　　　　　　　　(b)　固定预热塞

1—预热塞；2—多边形接头；3—扭力扳手。

图 14 - 18　装配预热塞

1—预热塞；2—起动滑油喷嘴；3—多边形接头；4—扭力扳手。

图 14 - 19　安装起动喷嘴

垫片，共计 13 个。注意封严垫片的孔与燃烧室机匣上的孔对齐，如图 14 - 20 所示。接着将两个输油圈安放在对应的位置上，使用 26 个 M5×10 双六角螺栓固定，使用扭力扳手（设定 7 N·m）及小套筒紧固螺栓。

(a)　输油圈垫片　　　　　　　　　(b)　输油圈的紧固

图 14 - 20　安装输油圈

（4）装配叉形管

叉形管的两个接口分别连接输油圈的两个端口，如图 14 - 21，使用活动扳手紧固接头螺母，拧紧力矩约为 10 N·m。逆时针旋转装配架侧面手轮，将发动机调整至水平姿态。

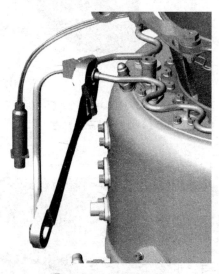

图 14 - 21　装配叉形管

第15章

齿轮单元和风扇单元的装配

本章将完成减速齿轮单元、风扇单元及外部的线路、管路的装配,如图 15-1 所示,本章的实践内容结束后,DGEN380 发动机的装配工作则全部完成。

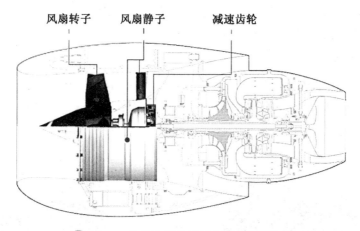

风扇转子　　风扇静子　　减速齿轮

图 15-1　齿轮和风扇单元安装主要零部件

微课堂

15.1　装配减速齿轮单元

本节将完成减速齿轮单元的装配,其装配的指导动画见"GEARBOX"模块。

(1) 安装滑油导管

如图 15-2,在主机匣前端面上,安装 HE1、AE1 导管,安装前检查导管两端橡胶密封圈,如无密封圈会导致滑油泄露。

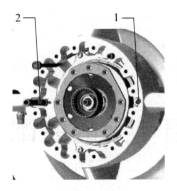

1—HE1；2—AE1。

图 15-2　安装导管

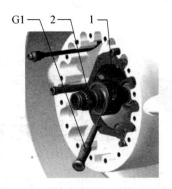

1—BOGEY2；2—BOGEY1；G1——字起。

图 15-3　安装 BOGEY1

(2) 安装 BOGEY1

如图 15-3，在 BOGEY2 中心孔装入 BOGEY1，使用一字起在 BOGEY2 前端面塞入弹性垫圈以轴向固定 BOGEY1。

(3) 装配太阳轮

如图 15-4，在 BOGEY1 外径上套入太阳轮，太阳轮推到底后在 BOGEY1 的卡箍上安装两个半环，然后将太阳轮稍稍拉出，在太阳轮和 BOGEY1 轴向间隙之间，用一字起塞入小弹性垫圈。

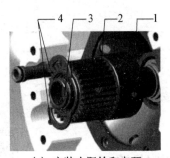

(a) 安装太阳轮和卡环

(b) 安装小弹性垫圈

1—BOGEY2；2—太阳轮；3—BOGEY1；4—卡环；5—小弹性垫圈。

图 15-4　安装太阳轮

(4) 装配齿轮箱

如图 15-5，在主机匣前端面装入齿轮箱，根据主机匣前端面上的定位销确定齿轮箱正确的周向位置，在装入齿轮箱的过程中，插入 M5×30 螺栓限制齿轮箱相对于主机匣的周向位置。使用 6 个 M5×30 内六角螺栓连接齿轮箱和 N3 止推轴承外环，使用扭力扳手(设定 7 N·m)、延长杆、梅花头套筒工具组合紧固螺栓，注意紧固的周向顺序。

(a) 装入齿轮箱　　　　　　　(b) 紧固螺栓的工具组合

1—定位销；2—M5×30 的螺栓；3—齿轮箱。

图 15－5　安装齿轮箱

(5) 装配滑油导管

如图 15－6，在齿轮箱三点钟位置安装 HE1 滑油导管，安装之前确认滑油导管两端装有密封圈。逆时针旋转装配架侧面手轮，发动机旋转至垂直姿态，进气端朝上，在齿轮箱上对应位置插入 3 个行星齿轮滑油导管，安装之前检查滑油导管两端的密封圈。

1—HE1 滑油导管；2—行星齿轮滑油导管×3。

图 15－6　安装行星齿轮滑油导管

(6) 安装行星齿轮及支架

行星齿轮与支架为整体结构，通过 3 个 D8 球铰螺栓将该结构整体固定在齿轮箱上，使用扭力扳手（设定 10 N·m）及大套筒工具组合紧固球铰螺母（图 15－7）。

齿轮单元安装完毕，顺时针旋转装配架侧面手轮，调整发动机至水平姿态。

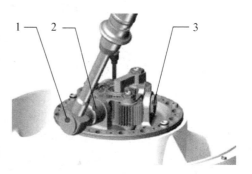

1—扭力扳手；2—大套筒；3—D8 球铰螺栓×3。

图 15－7　安装行星齿轮及支架

15.2　组装风扇支撑机匣模块

本节将介绍风扇支撑机匣的装配环节,其指导动画见"SUPPORT FAN CASING"。

15.2.1　组装风扇轴

首先进行风扇轴的组装,在风扇轴上依次安装 N2 止推轴承,N1～N2 轴承定距衬套,N1 滚棒轴承,得到整装风扇轴。

(1) 装配 N2 止推轴承

① 如图 15-8(a),将 N2 轴承预装在风扇轴上。

② 如图 15-8(b),首先将风扇拉杆工装穿过风扇轴,拉杆的螺纹端与 N2 轴承在同侧,拉杆与风扇轴堵头工装通过螺纹连接(逆时针方向拧紧)。

③ 在风扇轴上装入 N2 轴承套筒工装、RCH123 液压作动筒、M16 螺帽,施加 200 bar 的载荷,将 N2 轴承整体向后移动推至与风扇轴的定位面接触。

此步骤完成后,可拆除所有工装后,采用深度游标卡尺,测取 N2 轴承前端面与风扇轴前端面的轴向距离,以判断轴承的轴向位置是否合理,具体见 15.2.2 节。

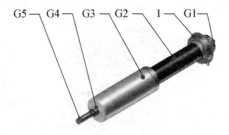

　　(a) N2轴承套于风扇轴　　　　　　(b) 装配N2轴承的工装组合

1—N2 轴承;G1—风扇轴堵头工装;G2—N2 轴承套筒工装;G3—RCH123;G4—M16 螺帽;
G5—风扇拉杆。

图 15-8　N2 轴承的装配

(2) 安装定距衬套

① 风扇拉杆工装、风扇轴堵头工装安装方式与图 15-8 相同。

② 如图 15-9,在风扇轴上手动套入定距衬套,定距衬套推至与 N2 轴承内环端面接触。

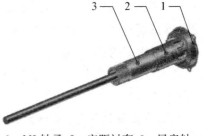

1—N2 轴承;2—定距衬套;3—风扇轴。

图 15-9　安装定距衬套

（3）安装 N1 轴承内环

如图 15 - 10，将 N1 轴承内环预装在风扇轴上，注意根据 N1 轴承内环的环槽结构确定安装方向。在风扇轴上安装 N1 轴承套筒工装、RCH123 液压作动筒、M16 螺帽，施加 200 bar 的液压，将 N1 轴承内环向后推至与定距衬套端面接触。

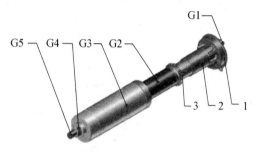

1—N2 轴承；2—定距衬套；3—N1 轴承内环；G1—风扇轴堵头工装；G2—N2 轴承套筒工装筒；
G3—RCH123；G4—M16 螺帽；G5—拉杆工装。

图 15 - 10　N1 轴承的装配

此步骤完成后，可拆除所有工装后，采用深度游标卡尺，测取 N1 轴承内环前端面与风扇轴前端面的轴向距离，以判断轴承的轴向位置是否合理，具体见 15.2.2 节。

15.2.2　风扇轴组装尺寸检测

风扇轴的组装过程中，N2 轴承和 N1 轴承安装完毕后，需要分别进行测量，判断安装位置的合理性，如图 15 - 11 所示。

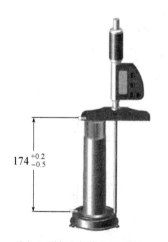

$174^{+0.2}_{-0.5}$

$77.5^{+0.2}_{-0.5}$

（a）N2轴承安装位置测量　　　　　（b）N1轴承安装位置测量

图 15 - 11　风扇轴组装尺寸测量示意图（单位：mm）

15.2.3 组装风扇支撑机匣

(1) 安装 N1 轴承外环

N1 轴承外环安装于风扇支撑机匣前端面。把 N1 轴承外环预装在风扇支撑机匣前端面。在图 15 - 12 所示位置,安装两个 M5×16 内六角螺栓,使用棘轮扳手和梅花头套筒拧入螺栓的同时将 N1 轴承外环压入风扇支撑机匣,N1 轴承外环安装到位后可拆除这两个螺栓。

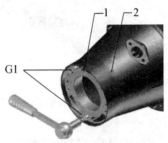

1—N1 轴承外环;2—风扇支撑机匣;G1—M5×16 内六角螺栓×2。

图 15 - 12　N1 轴承外环的装配

(2) 安装滑油导管

如图 15 - 13,分别使用 2 个 M5×12 内六角螺栓将滑油导管、挡片固定于风扇支撑机匣,使用扭力扳手(设定 7 N·m)和梅花头套筒工具组合紧固螺栓。

1—滑油导管;2—挡片。

图 15 - 13　滑油导管、挡片的装配

(3) 安装整装风扇轴

如图 15 - 14,从风扇支撑机匣后端中心孔插入整装风扇轴,直到 N2 轴承安装边与风扇支撑机匣内部安装边靠上。在安装过程中调整周向角度,使安装边上的 3 个螺栓孔对齐。使用 3 个 M5×12 内六角螺栓连接整装风扇轴和风扇支撑机匣,使用扭力扳手(设定 7 N·m)、延长杆、梅花

整装风扇轴

图 15 - 14　整装风扇轴装入风扇支承机匣

头套筒紧固螺栓。注意安装的过程中不要损伤 N1 轴承滚子。

(4) 安装 N1 篦齿封严组件

如图 15-15,耐磨环的中心孔内装入 N1 篦齿封严环,耐磨环的环槽中安装密封圈,随后将耐磨环装入风扇支撑机匣前端,使 N1 篦齿封严环与 N1 号轴承内环抵紧,通过 6 个 M5×16 内六角螺栓连接,使用扭力扳手(设定 7 N·m)和梅花头套筒紧固螺栓,注意周向拧紧顺序。

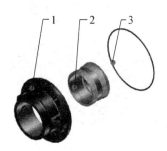

(a) N1篦齿组件构成　　　　　　(b) 安装N1篦齿封严环

1—耐磨环;2—篦齿封严环;3—密封圈。

图 15-15　安装 N1 篦齿封严组件

(5) 安装中央油气分离器与喇叭轴

如图 15-16,首先在中央油气分离器环槽中安装密封圈,随后将其置于风扇轴后端面,最后将喇叭轴插入风扇轴内,完成风扇支撑机匣模块的组装。

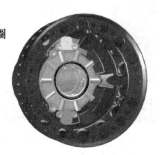

(a) 中央油气分离器　　(b) 中央油气分离器位置　　(c)喇叭轴插入风扇轴

图 15-16　安装中央油气分离器与喇叭轴

微课堂

15.3　安装风扇支撑机匣模块

本节将组装好的风扇支撑机匣模块安装在 DGEN380 发动机上,其指导动画见"FAN CASING ASSEMBLY"。

（1）在齿轮箱前端面的外圆周上安装密封圈，如图 15-17 所示。

（2）低压转速传感器线缆（简称：LP 线缆）上插接线缆工装，如图 15-17 所示。

（3）组装好的风扇支撑机匣安装在齿轮箱前端面上，LP 线缆在线缆工装引导和保护下穿过风扇支撑机匣上对应的安装孔，如图 15-18 所示。

1—密封圈；G1—线缆工装。

图 15-17 安装线缆工装与密封圈

G1—线缆工装。

图 15-18 安装风扇支撑机匣模块

（4）在风扇支撑机匣上固定 LP 线缆。

如图 5-19 所示，线缆螺母穿过线缆工装，先手动顺时针旋转预装在 LP 线缆上，然后使用线缆扳手手动继续拧紧该螺母，拧紧力矩约为 5 N·m。之后移除所有工装。

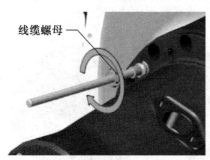 

（a）顺时针拧入螺母

（b）使用线缆扳手拧紧螺母

图 15-19 固定 LP 线缆

（5）紧固风扇支承机匣连接螺母。

如图 15-20 所示，使用 16 个 M6×35 内六角螺栓连接风扇支撑机匣与主机匣，使用扭力扳手（设定 7 N·m）、延长杆、梅花头套筒工具组合紧固螺栓，注意周向分布螺栓的紧固顺序。

（6）安装低压转速传感器。

一端通过 2 个 M5×12 双六角螺栓固定于风扇支撑机匣上，使用扭力扳手（设定 7 N·m）、小套筒工具组合紧固螺栓；另一端直接手动插入 LP 线缆的接头，如图 15-21 所示。

图 15-20　紧固风扇支撑机匣连接螺栓

低压转速传感器

图 15-21　安装低压转速传感器

（7）安装风扇机匣

使用 23 个 M5×16 个内六角螺栓连接风扇机匣与主机匣，工具组合如图 15-22 所示。设定力矩为 7 N·m，使用两用扳手固定螺母，扭力扳手、延长杆、梅花头套筒工具组合紧固螺栓，注意周向分布螺栓的紧固顺序。

图 15-22　安装风扇机匣

微课堂

15.4　安装风扇出口静子叶片

本节将完成风扇出口静子叶片（OGVS）的安装，其指导动画见"OGVS"。

（1）安装风扇出口静子叶片外缘固定零件。

如图 15-23 所示，首先将橡胶弹性圈移动、覆盖风扇机匣跑道形槽口，随后在弹性圈外安装金属带环，并插入连接长螺栓，暂不拧紧。

(a) 安装橡胶弹性圈   (b) 安装金属环

图 15‑23 安装弹性圈与金属环

（2）安装风扇出口静子叶片。

如图 15‑24，将 40 个出口导向叶片插入安装槽口后，设定力矩为 7 N·m，使用扭力扳手、延长杆及套筒工具组合，拧紧金属带环的连接长螺栓。

(a) 安装OGV   (b) 拧紧长螺栓

图 15‑24 安装风扇出口静子叶片

（4）安装风扇导叶内环。

在风扇支撑机匣上安装风扇导叶内环，通过 4 个 M 5×10 的双六角螺栓将该结构固定于风扇支撑机匣，设定力矩为 7 N·m，使用扭力扳手、延长杆、套筒工具组合紧固螺栓。

图 15‑25 安装风扇导叶内环

15.5 安装风扇叶盘与整流锥

微课堂

本节将完成风扇叶盘及整流锥的安装,其指导动画见"FAN ASSEMBLY"和 "FAN CONE"模块。

(1) 安装风扇叶盘

如图 15 - 26,将风扇叶盘套于风扇轴上,注意将两者的套齿啮合;在风扇轴上逆时针手动拧上风扇拉杆工装,在拉杆工装上,套上风扇隔套工装,加装 RCH123 液压作动筒及后端 M16 螺帽,施加 150 bar 载荷,将风扇叶盘整体向后推,直至与篦齿封严环内端面接触。移除工装,完成风扇叶盘的装配。

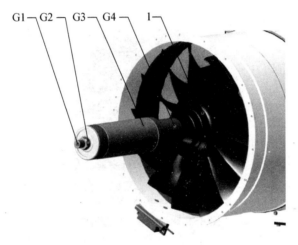

1—风扇叶盘;G1—风扇拉杆;G2—M16 螺母;G3—RCH123;G4—风扇隔套工装。

图 15 - 26 安装风扇叶盘

(2) 安装风扇螺母

如图 15 - 27,手动逆时针旋入风扇螺母,在风扇机匣上固定风扇保持器工装,在风扇螺母上套上风扇螺母专用扳手工装,使用大扭矩扳手,24 mm 套管,拧紧风扇螺母,设定力矩为 120 N·m。可在扭矩扳手上端部加装扭力扳手手柄,防止加载过程中工装偏移。安装结束后移除所有工装。

(3) 安装风扇整流锥

如图 15 - 28,风扇整流锥通过 4 个 M5×12 的平头式压铆螺钉固定于风扇盘上,使用扳手完成螺钉的紧固,拧紧力矩约为 7 N·m。

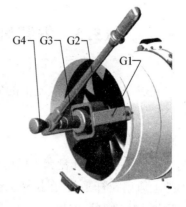

1—风扇螺母;G1—风扇保持器;G2—扭力扳手;G3—风扇螺母专用扳手;G4—扭力扳手手柄。

图 15-27 安装风扇螺母

图 15-28 安装风扇整流锥

微课堂

15.6 附属装置的装配

15.6.1 外部线路连接

本节进行外部线路的连接,其指导动画见"ELECTRIC LUG HARNESSES"模块。连接步骤如图 15-29 所示。

(1) 放置电气接线盒,将从发动机引出的 SG 三相电缆接头与电气接线盒的柱头连接,并使用棘轮扳手和套筒工具组合紧固三个螺母,固定电缆接头。

(2) 采用螺丝刀紧固 W19-P193 的连接螺丝,手动连接 W19-P192 接头。

(3) 安装电气接线盒外侧的三相电缆接头,并使用棘轮扳手和套筒工具组合紧固三个螺母,固定电缆接头。

（4）安装电气接线盒的盖板，使用两个 M5×12 内六角螺栓和两个 M5×8 内六角螺栓固定盖板及电气接线盒。

（5）安装电气接线盒的绝缘组件盖板，使用两个 M5×30 内六角螺栓和两个 M5×50 内六角螺栓固定盖板及电气接线盒。

（6）顺时针拧紧 W-SEV08 电缆的 P190 接头、P22 接头、P19-M 及 P17 接头。

(a) 安装电气盒	(b) 连接W19-P193	(c) 连接W19-P192接头
(d) 固定外侧的三相电缆	(e) 安装盖板	(f) 安装绝缘组件盖板
(g) P190接头	(h) P22接头	(i) P19-M及P17接头

图 15-29　外部线路连接示意图

15.6.2　滑油管路连接

本节将完成外部滑油管路的连接，其指导动画见"OIL PIPES"模块。

（1）安装 1 号和 2 号滑油腔 T 型供油管，采用活动扳手紧固供油管两端的连接螺母，拧紧力矩约为 10 N·m。

（2）安装 3 号滑油腔 L 型供油管，采用活动扳手紧固 L 型供油管两端的连接螺母，拧紧力矩约为 10 N·m。

（3）移除供油管的堵头，滑油供油总管的一端与 T 型供油管连接，另一端与发动机支架上的接口相连接。

（4）移除 1 号滑油腔回油管的堵头，1 号滑油腔回油管的一端与发动机底部的回油接头相连接，另一端与发动机支架上的接口相连接。类似地，分别安装 2 号滑油腔回油管路和 3 号滑油腔回油管路。连接接口参见滑油管路构成的图示 6-3。

（5）移除堵头，安装通气总管与通气软管，连接接口参见滑油管路构成的图示 6-3。

15.6.3 防护罩的安装

本节将完成防护罩的安装，其指导动画见"PROTECTION GRID"模块。防护罩通过 16 个 M5×16 内六角螺栓连接到风扇机匣，通过扭力扳手、延长杆、梅花头套筒以及扳手工具组合紧固螺栓，设定力矩为 7 N·m，如图 6-11 所示。

思考题

第一部分　齿轮传动风扇发动机结构分析

1. 简述航空燃气涡轮发动机的主要类型。

2. 简述齿轮传动涡扇发动机的优点。

3. 简述与传统燃气涡轮发动机相比,齿轮传动涡扇发动机结构设计特点。

4. 解释数字法如何表示转子的支点数目和位置。

5. 简述 DGEN380 发动机在风扇转子与低压涡轮转子不共轴情况下的正常工作的结构措施。

6. 试分析 DGEN380 发动机三个止推轴承传递的轴向力方向以及轴向力的传力路径。

7. 分析 DGEN380 发动机的承力框架。

8. 试列举在燃气涡轮发动机结构设计中,工作叶片与轮盘的连接结构形式,并分析特点。简述 DGEN380 发动机风扇叶片、涡轮叶片与轮盘采用的连接结构形式。

9. 模仿图 1-13(a),根据图 3-11,绘制 DGEN380 发动机的减速齿轮器传动示意图。

10. 根据环形火焰筒的不同形式,环形燃烧室可以分为哪几类? 哪几类常用于带离心压气机的小型燃气涡轮发动机中? DGEN380 发动机使用的是哪一类环形燃烧室?

11. 在附图 1 中画出气流从离心压气机到涡轮的气流走向。

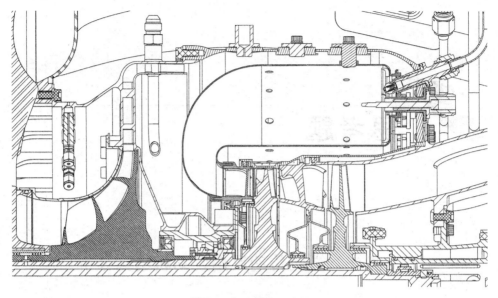

附图 1 气流走向示意图

第二部分 航空发动机拆装实践

1. 简述扭力扳手的使用方法和使用注意事项。

2. 简述液压作动器的使用方法和使用注意事项。

3. 简述棘轮扳手的使用方法和使用注意事项。

4. 简述排油步骤和必要性。

5. DGEN380 发动机的外部管路包括哪几类?

6. 在拆装过程中观察 DGEN380 发动机的 3 个滑油腔分别采用了哪些封严结构?

7. 风扇单元的零件分解后主要得到了以下零件,请在以下零件前用数字标出分解的先后顺序:

- 整流锥　　　　　　　　(　)
- 风扇整体叶盘　　　　　(　)
- 风扇轴　　　　　　　　(　)
- 喇叭轴　　　　　　　　(　)
- N1 轴承　　　　　　　 (　)
- N2 轴承　　　　　　　 (　)
- 定距衬套　　　　　　　(　)
- 中央油气分离器　　　　(　)

- ■ 篦齿封严环与耐磨环　　（　　　）
- ■ 风扇出口导叶　　　　　（　　　）
- ■ 风扇机匣　　　　　　　（　　　）
- ■ 风扇支撑机匣　　　　　（　　　）

8. 在拆装风扇螺母的时候,使用了风扇保持器工装,风扇保持器的主要作用是什么? 归纳一下,在哪些零部件的拆装过程中,使用了保持器工装?

9. 为了方便拆装,DGEN380 发动机风扇螺母在结构上进行了什么设计?

10. 试分析风扇叶片轴向力的传力路径,完成以下填空。

风扇叶片—（　　　）—（　　　）—（　　　）—（　　　）—　　　

11. 如果太阳齿轮的齿数为 31,减速比为 3.32,是否能确定外圈齿轮和行星齿轮的齿数? 如果能,分别为多少?

12. 请查阅资料,GTF 发动机的减速齿轮在使用过程中容易发生的故障模式有哪些?

13. 请按气流流动方向,参考附图 2 和附图 3,复述 DGEN380 发动机低压涡轮转子、高压转子的零件名称,并填写附图 4。

附图 2　低压涡轮转子立体分解图

附图 3　高压转子立体分解图

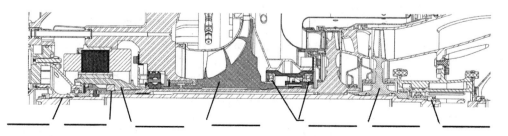

附图 4　DGEN380 高、低压转子

14. 观察低压转子分解得到的零件,讨论低压轴前螺母和 N3 轴承等零件在结构上采用了哪些便于拆装的设计。

15. 试分析低压涡轮叶片轴向力的传力路径,完成以下填空。

低压涡轮叶片—(　　　)—(　　　)—(　　　)—(　　　)—(　　　)—N3 轴承

16. 试分析高压涡轮叶片轴向力的传力路径,完成以下填空。

高压涡轮叶片—高压盘—高压轴—(　　　)—(　　　)—(　　　)

17. 简述高压轴螺母的分解步骤。

18. DGEN380 发动机的离心叶轮与涡轮盘为过盈配合,如何实现离心叶轮和涡轮轴的分解。

19. 结合分解步骤,讨论分解高压涡轮盘轴整体结构时如何保护 N5 轴承。

20. 分析 DGEN380 发动机的火焰筒的固定方式。

21. 请对 DGEN380 发动机(附图 5)整个分解和装配过程进行回顾,根据拆装顺序,完成下列表格:

	风扇转子	减速齿轮	高压转子单元	低压转子单元	风扇机匣	主机匣	扩压器单元	燃烧室单元	排气单元
分解序号									
装配序号									

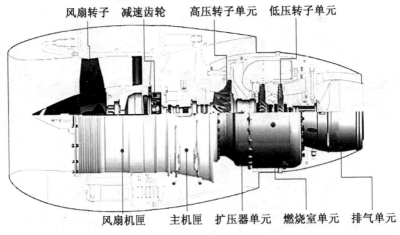

附图 5　DGEN380 发动机结构

22. 与分解过程进行对比,思考并归纳 DGEN380 发动机装配的注意事项。